U0138713

COOL BEER
DRINK
MICROBEWRY

Cool Beer
精釀啤酒賞味誌

謝馨儀 Elaine 著

Baden Baden
Köstritzer

留白的人生——尋酒去

啤酒會創造一種狂歡的氛圍，感染周遭的人，所以，若要「借酒澆愁」，唯有啤酒，不會讓人「愁更愁」。

因旅行之故，我很早就在國外接觸了精釀啤酒，那種因地而異的特殊風味，再再令人印象深刻，與沒有個性的罐裝啤酒大異其趣，讓不勝酒力的我，一杯又一杯，忘了它們也是酒，就像——這本精釀啤酒入門書，讀起來也是如此。本書作者馨儀原是《食尚玩家》記者，後來因「另有生涯規劃」辭職，當時我還滿愧疚，是不是記者這行業薪資微薄，留不住人才——因為我常以福爾摩斯說的「我的職業本身就是報酬」來砥礪（或朦騙）自己和同仁堅持下去。

現在，謎底揭曉，她這幾年「賦閒」，但並未「在家」，而是周遊各國考察啤酒去了。因為朋友們都知道，馨儀對精釀啤酒有著令人難以置信的 passion，有時候，我甚至懷疑她的工作熱情，其實來自精釀啤酒。馨儀的辭職，教我見識到現代年輕人的膽識——在人生留一段「空白」（gap year），不為五斗米折腰、不計損益，去追求夢想。而我，也終於領悟了這個人生道理，卻為時已晚，不，未晚，人生還有許多美好的事物，例如精釀啤酒，值得我繼續追求。

但是，人生短暫，實在沒有時間像神農嘗百草似地虛擲光陰，用青春換得經驗，所以，對酒的選擇，自然要倚賴各種品評。紅酒、威士忌、啤酒，皆然。而我一向認為，閱讀是最有利自身的投資，尤其是閱讀有關美食美酒的書籍，因為當你瞭解更多，得到的口福也更多。

《食尚玩家》發行人 邱一新

分享，源自於感動

知識的傳播一開始都來自簡單的信念。「與他人分享美好事物」則是我出版這本書的動力。

朋友都知道，我喜歡跟朋友分享好東西，無論是好酒，好茶，美味甜點，也喜歡在一旁講解補充，希望朋友們都能得到最佳的品嘗體驗。每逢有人詢問哪裡好吃好玩，熱心提供之餘，還會上網幫忙查資料，寫得鉅細靡遺。他們常說，當我的朋友很幸福。我只覺得，獨樂樂不如眾樂樂。聖經上大衛王說，「人們能吃能喝並在辛勞中獲得滿足，就是上帝的禮物。」而生活中的每一個美好時刻，不就是上帝給我們的恩澤嗎？

六年前，我在美國紐約一股腦的陷入了精釀啤酒的世界裡，宛如踏入小說中的河童國度般，目不轉睛，腦中想的看的有興趣的都只有精釀啤酒，並急切的想在最快速的時間瞭解一切。然而從美國回到台灣後，希望與人分享，卻發現大部份人對啤酒知識貧乏且觀念錯誤，甚為可惜。從小看到父母孜孜不卷的品茶學茶，我很瞭解品味四海皆準，凡事如有基本知識開了頭後便會有趣許多。好像打開電視看一齣陌生的連續劇，如果有人在旁提醒故事大綱與基本角色，這齣戲便會鮮活了起來，這樣的想法促成了我著手寫啤酒部落格，也間接促成本書的出版。

這本書就是以分享「基本知識」為構想，幫大家的精釀啤酒人生先舖個粗糙的泥巴路。精釀啤酒的優勢是種類多元，創意十足，價格合理。釀酒師的職責如廚師，只要巧手一改，食材就變出一道全新菜色。然而初入門者也容易因太廣闊而失去方

向，國外的啤酒書籍雖多，一來為外文，二來酒款大多喝不到，只能望梅止渴。我在書中以台灣能喝到的啤酒風格為主，讓大家讀完能馬上去超市買來喝，不用紙上談兵更添樂趣。台灣也早有許多在精釀啤酒界努力許久的前輩們，本書另外的一個章節則介紹喝啤酒的好地方與主人們的背後故事，讓大家找到一同聊酒品酒的同好。

我的偶像伍佰曾說，「只是因為喜歡音樂而做音樂。」這本書也是因為喜歡啤酒而寫啤酒，雖然寫書的過程有如登阿里卑斯山一般困難，山勢陡峭難行，沿途一度想要放棄，但終究幸運的將所看美景分享給其他人。精釀啤酒帶給我太多太多快樂，美好，難以忘懷的點滴回憶，我希望你也能有機會體驗這份感動的美味，只要這本書能成為一個人精釀啤酒旅程的起點，那麼一切辛苦就值得了！ Cheers Everyone ！

P.S. 這本書要感謝我的父母毫無芥蒂的支持（不怕背上酒鬼父母之名），我男朋友出國時總無怨言的幫我扛一打一打啤酒回家，也要感謝臉書台灣精釀啤酒俱樂部的成員，因為有你們的熱情相挺，讓我對於推廣品味啤酒更有信心。

謝馨儀 *Elaine*

目錄

舉杯時刻。經典酒款大賞

尋訪。精釀聚落

附錄

一個理由。愛上啤酒

"Why do you drink beer ?"
"Because Guinnesse is good for me !"

1920 年代健力士廣告

各路達人領軍 啤酒萬歲

1. 鄧 有 葵／餐飲界牛排教主，Danny & Company 經營者
2. 周 佐 翰／鐵騎青年，王老先生有塊地單車吧老闆
3. Derek Skam／英國真愛爾運動 (CAMRA) 成員，英國啤酒進口商
4. 溫 立 國／本土文青，北台灣麥酒釀酒師

相信每個人喝啤酒都有獨特的理由，我喜歡精釀啤酒享樂中又帶些品味與自信的世界，或者喜歡喝啤酒的爽快與歡樂氣氛，健力士曾以「喝啤酒對身體好」的理由當口號，大受歡迎。以下各路達人，一位名廚，一位鐵騎青年，一位進口商，一位釀酒師，他們都有愛啤酒的好理由。

adidas

鄧有葵 Danny

牛排教主。啤酒讓旅遊心情更放鬆

眼前的鄧師傅臉色泛紅，笑容爽朗，得意對我說著自己上個月剛從紐約買回來半打的 Brooklyn Lager，一時間很難聯想到他是以擅長高檔牛排闖出名號的「牛排教主」。鄧師傅一路從犇鐵板燒做起，打造國賓 A Cut 的鐵板牛排後一炮而紅，轉而擔任維多麗亞 168 牛排館廚藝顧問，更以自身名號擁有高檔品牌 Danny & Company 與 D&C Bistro，在餐飲界無人不知。Danny & Company 晚間消費一人常常三千元起跳，這樣的師傅竟然也喜歡喝上一杯平價的啤酒？

「我喜歡啤酒給人很 Relaxing，很輕鬆舒服的感覺。」鄧師傅笑著說，啤酒有很多面貌，有時像解渴的飲料，有時是下午放輕鬆喝的飲料。他運動完會喝上一杯啤酒，旅遊時也會喝上一杯啤酒，總能在當下提供好心情。「我不是很懂得各種啤酒風格，但喜歡喝滋味豐富的好啤酒，旅遊時，啤酒更像是水一般的必需品，補充營養，讓人更有體力面對壓力！」另外，繁忙的工作中，啤酒輕鬆不做作的特質也能適時降低工作中的緊張感。言談中，鄧師傅不斷謙虛的強調自己不大懂啤酒，然而他的啤酒選擇卻都有一定的品質。

「我一向喜歡優質的 Lager，尤其最喜歡紐約 Brooklyn 酒廠旗下的

Brooklyn Lager，那股焦糖甜味很迷人，每次出國都會帶不少回來。今年去紐約就扛了半打回家，其中一瓶到飯店就想快點開來喝，當場找不到開瓶器急得不得了！」鄧師傅邊說邊做出心急的表情，聽了我不禁哈哈大笑，這不就像是旅人在沙漠中看到了綠洲卻碰不到嗎？「以前我也很喜歡某日本大廠，可惜到大陸設廠後，口味比起以前遜色不少，麥香沒那麼濃郁。日系品牌如 Suntory 的 Premum Malts 或 Ebisu 等也不錯。」對他來說，啤酒常常伴隨著旅遊的回憶。

「我只要一出國就想喝啤酒，甚至把啤酒當水一樣一直喝，像到香港下午就會到灣仔的酒吧喝啤酒，不喝好像行程沒走完。除此之外，有一次到紐約帝國大廈的酒吧內，哇，一百多種生啤酒排在牆壁上，大開眼界，我們一群十幾個人都點不一樣。不過印象最深刻的啤酒倒是忘了，那次真的太醉太開心了！」鄧師傅一邊眉飛色舞的講解著，也讓我想像自己坐在紐約的精釀啤酒吧前，興奮地看著種類豐富的生啤酒潺潺從把手內流出，如一幅美麗的景象。

D & C 一向強調酒與菜之間的協調，侍酒師，Ray，曾在拉斯維加斯的飯店服務，對葡萄酒配菜有深刻瞭解，那麼對於啤酒配菜的看法呢？「一般來說拉格啤酒配炸或滷的都很對味，但其實多元的啤酒適合的都不一樣，像 Elysian 的白魔女三重發酵 Triple 的酸味，配醃漬生鮪魚就很搭，今天喝到這一款台灣人釀造的 Muskoka Cranberry Stout 司陶特黑啤酒，搭配我們的 Roast Beef 或加入醬油與蒜頭煎煮的牛排，肯定一絕。」D & C Bistro 也有提供來自西雅圖的 Elysian 茉莉花啤酒，Elysian Jasmine Beer，給客人做開胃酒的選擇。

「台灣人最可惜的是不太能接受苦味，其實苦味是五感之一，位在舌尖的後方，啤酒沒了苦味就不叫啤酒了！」鄧師傅可惜的說，許多台灣人只把啤酒當成拼酒的一種，習慣在海鮮攤便宜喝酒，所以市面大多啤酒都比較淡而無味。他更認為，其實精釀啤酒也有開發高檔族群的潛力。「啤酒的好處就是非常便宜，不用擔心價格，就算是一瓶四、五百元，很多人也都能負擔的起。何不推動到高爾夫球場？畢竟打球天氣熱時都會想要喝啤酒，但高爾夫球場的選擇大多很無趣，我認為只要品質好，球客通常不會太在意價錢。」這句話出自高檔餐廳的師傅嘴中，特別有說服力！

採訪完後，鄧師傅馬上跟一旁的精釀啤酒商下訂了台灣人在加拿大酒廠擔任釀酒師的 Muskoka 蔓越莓司陶特，我們臨走前還不斷提醒，「有多少拿多少」最後更補了一句，「一定要留給我喔！」。看來喜歡放輕鬆又沒架子的鄧師傅，肯定成為精釀啤酒界未來的潛力股。

周佐翰 Brandon

單車吧老闆。無法想像少了啤酒的旅程

很難想像，眼前這個看似無害的小鬼頭人生經歷超級豐富，靠著一只單車騎遍世界上不少角落，故事還曾登上報紙！1984年出生的Brandon去年以英國為據點，行經法國、瑞士、德國、荷蘭、比利時、愛爾蘭，然後回到英國，一共花了九個月的時間。回到台灣後在西門町開了「王老先生有塊地」小酒吧兼單車店，同時身兼台灣自行車旅遊協會理事。

看似成功的他卻無法自拔的愛上流浪，計畫再去歐洲半年，而牆上一張張跟歐洲人乾杯喝啤酒的照片，正是無法忘情的原因之一。為何要喝啤酒？Brandon搞笑的說「因為幫我省了不少旅館費。」看我一臉疑惑，Brandon連忙解釋，「在歐洲，酒吧是夜晚的社區交流中心，啤酒是人與人的連結工具，大多數人透過啤酒搏感情。像德國人通常問完你的名字後，第二句話就是『你喝啤酒嗎？』，接著就熱心的介紹當地啤酒，交心聊天，有時還提供住處給我過夜。」

「如果我今天不懂得喝啤酒，旅程的樂趣就減少了一大半。」他感性的指著牆上的照片說，喝啤酒讓他一路上交了許多的好朋友，也發生不少永生難忘的糗事。最重要的，整趟旅程因喝啤酒交朋友的關係，總共才花了16萬，旅費省很大！

Brandon 個性大膽又容易信任人，聽他講喝醉時的有趣回憶，感覺很像在看「醉後大丈夫」的電影。「有一次騎到德國北方大城Dusseldorf，酒吧門口一位老闆看我呆頭愣腦像外地人，直問『有喝過當地名產，老啤酒（Altbier）嗎？』請我喝到一半，還熱心的帶我去朋友聚會，其中有面板廠、腳踏車店老闆等，跟著他們一起吃飯聊天，連自己都覺得際遇莫名其妙，其中一位老闆更好心的提供我當晚的住處。又有一次，遇到一群貪玩瘋狂的大學生，開口先問我名字，第二句話就是"Do you drink beer?"（你喝啤酒嗎？），我一說 Yes，一大群人馬上拉著我玩起了遊戲，Beer Pong，啤酒乒乓酒，玩得不亦樂乎。」

說著說著，Brandon 的神情漸漸轉向柔和，「我還記得騎到比利時的布魯日（Brugges）時，我已經好幾天沒有洗澡了，全身上下都超不舒服。偷溜到布魯日的青年旅館二樓，神不知鬼不覺的沖了個澡後，一身清爽，假裝若無其事的走到一樓酒吧點酒消費。那時我隨興的點了一杯 Westmalle Triple，妳知道嗎？那金黃色液體伴隨著煥然一新的心情與身體，『怎麼會有那麼好喝的啤酒！』入口瞬間的滋味美妙極了，心情幸福得像要上天堂了。當時口中的感動，我一輩子都記得。」聽著 Brandon 的描述，原本就很美味的 Westmalle Triple 彷彿多了魔法般閃閃發光，有著難以言喻的力量。

有著旅遊回憶的加持，Brandon 最喜歡的啤酒都是旅遊喝到的酒，像是 Westmalle Triple，德國當地喝到的老啤酒 Altbier 等，可惜後者台灣沒有販賣。採訪期間，店裡的人潮沒有停過，小小的店內只有一張桌子，卻塞了十幾個人，大家有說有笑彷彿互相認識，毫無距離的跟陌生人聊天。

「台灣的酒吧一般都太過吵雜，不然就是價位太高，少了人情味。」Brandon 笑著說，「我希望這裡能像國外的酒吧一般，成為八卦資訊、生活瑣事聊天的一個社區中心，讓人不感到壓力。」看來啤酒給 Brandon 的不只是回憶，還有一輩子受用無窮的生活態度。

Derek Skam

東時實業。波頓人就該愛啤酒

第一次見到這個英國人，一開口有著濃濃英國鄉下的口音，不意外，因為他來自最出名的啤酒城市，Burton（Upon Trent），波頓。Derek Skam 是台灣最早推廣優質英國愛爾的外國人，公司產品多來自 1799 年就建立的 Greene King，如 Abbot Ale、老母雞 Old Speckled Hen 啤酒、Belhaven 系列等，都是英國的熱銷產品。他開口閉口都是隱藏不住對家鄉的驕傲與對英國啤酒的熱情。

為何喝啤酒？Derek 不假思索的說，「這問題很簡單，因為我是波頓人！有聽過“Burtonization”波頓化這詞嗎？」解釋一下，波頓為英國釀造淡愛爾與 IPA 最出名的城市，酒廠包括商標為紅色三角形的 Bass，當年出口到印度的 IPA 一度佔據 40% 的出口。建鐵路後，波頓的淡愛爾推廣到英國其他城鎮大受歡迎。為什麼波頓的淡愛爾特別好喝？在於波頓的水質含豐富的硫酸鈣（Calcium Sulfate），釀造的愛爾喝起來果味苦味十分鮮明，浮上一層漂亮的濃郁泡泡，賞心悅目。Burtonization（波頓化）就是將礦物質加入水中，變得更像波頓的水質。

「波頓人對自己家鄉的啤酒很驕傲，當地人不是喝 Bass，就是 Marston's Pedigree，甚至兩派對立各有擁護者。」Derek 稱自己是“Marston's Pedigree 派”，最喜歡 Marston's 飽滿又清澈的果香。「我年輕時在酒吧每晚喝上七、八 Pints（英國酒杯單位，約 600 毫升）沒有問題，還曾有過跟朋友一次喝十杯以上的紀錄。」然而這位那麼愛喝英國愛爾的波頓人，來到台灣教書後卻很悶，苦尋不著後乾脆自己進口。「剛開始我先跟最熟悉的 Bass 與 Marston 酒廠談進口，可惜那時英國家鄉的酒廠對出口亞洲的興趣不大，無功而返。反倒是 Greene King 集團很有興趣，順利代理旗下產品。」之後 Derek 更將有趣的生啤酒選項帶進台灣，像 Abbot Ale、Newcastle Brown、Greene King IPA、Belhaven Scottish Stout 等，讓台灣生啤酒市場更加多元！

雖然成功將優質愛爾帶進台灣，Derek 心中還是有遺憾，特別懷念在英國家鄉喝到的真愛爾（Real Ale），指沒殺菌，沒過濾，發酵結束後直接裝桶，由酒保決定熟成時間的愛爾。換句話來說，概念有點像是在台啤工廠喝到剛出產的台啤十八天。「我在英國就加入提倡真愛爾的 CAMRA 團體，每年都參加 CAMRA 在波頓舉辦的啤酒節，適飲溫度為 10 ～ 14 度室溫，保留了果香豐潤的沈穩香氣，美味無與倫比。」可惜的是，這種啤酒保存時間太短，又容易壞掉，「我想過將 Real Ale 限量引進台灣，但因為沒殺菌，保存時間少於四個禮拜，只能坐飛機不能海運，成本實在太高風險又很大。」我則鼓勵他大膽進口，光臉書上精釀啤酒俱樂部的成員一定能把限量喝完！

一路看見台灣精釀啤酒市場成長，他也回憶著說，最早只有一群專門的外國人喜歡喝，現在酒客越來越多元 ，英國品牌 Fuller's 與 Samuel Smith 也進口到台灣。「臉書上的台灣精釀啤酒俱樂部也以學習品飲的方式教育消費者，非常樂見！」 他也給要去英國旅遊的台灣朋友一些建議，「別忘了到到英國酒吧喝一杯真愛爾，酒吧是英國人的社交中心，感受一下英國人酒吧的熱絡互動。英國每個鄉村城鎮都有自己的酒廠，地域性的驕傲感很強，家鄉的啤酒一定是最好！」聽到我說今年暑假去英國，Derek 臉龐散發出一陣光芒，「何不到波頓走一趟呢？」說完時，瞳孔彷彿藏著一杯真愛爾的影像。

CAMRA

1971 年由幾位啤酒愛好者組成的 CAMRA，全名為 Campaign for Real Ale（真愛爾運動），主要目標在於推廣真愛爾與傳統英式酒吧文化等，如今已達將近 150000 個會員。當時 Big 5 五大酒廠在酒吧內壟斷啤酒，並改用殺菌後的桶裝啤酒侍酒，讓真愛爾一度消失，CAMRA 則喚起了民眾對桶內熟成啤酒的美好記憶。透過 CAMRA 的努力，如今英國大多酒吧內都有至少一款真愛爾 。

ABBOT
ALE

溫立國

北台灣釀酒師。因為啤酒對我身體好

最早回到台灣，微風架上的「北台灣小麥啤酒」是我對台灣精釀酒廠的第一印象。更驚訝的是它不走德式風格，專攻高難度的比利時風格，如經典 8（Dubble），經典 6（Blonde）等修道院啤酒風格。認識酒廠主人溫立國，感覺他不像釀酒師，更像一位懂品味的文人，氣質溫文儒雅。他感性的說，喝啤酒先是宿命安排，接著比利時修道院啤酒則打開他啤酒世界的一扇窗，讓他立志要釀出美味的比利時啤酒。

「其實是體質的關係，我只能喝發酵酒，像紅酒、清酒、啤酒等，如果是蒸餾酒如威士忌、伏特加，我喝一口喉嚨就痛。」有一次到市民大道的酒吧內喝到比利時啤酒，那時 Orval、Chimay 剛進口到台灣，溫先生才發現啤酒原來這麼好喝，「葡萄酒範圍比較固定，相較之下啤酒口味變化很明顯，範圍很大很好玩。」然而喝酒與釀酒畢竟有很大的差別，最早專門幫人改賽車車型的他，2002 年政府開放民營酒廠後先跑去上釀酒課，並開始嘗試在家裡 Homebrew（家庭釀酒）。

「有次聚會朋友的一句話，『這個酒我會花錢買』後，讓我信心大增，決定試試看商業販賣。」溫先生笑說，那時大約 2003 年，不少家民營酒廠如 Jolly、金色三麥、台精統、

雪藏
白啤酒

麥晶第一代等都躍躍欲試或開始釀酒，他也跟著一頭栽入。剛開始電視上常有米酒加入酒精的新聞，讓大家對民營酒廠不信任，北台灣的生意難有起色。溫立國回想說，「我直覺認為大家喝了就知道不一樣，挨家挨戶到酒吧或餐廳拜訪。但有些商家老闆連試都不想試，露出討厭噁心的表情，好像覺得這些酒不夠乾淨。」更糟的在後面，酒廠有陣子差點面臨倒閉，入不敷出，連股東都失去信心，溫先生也打算收手不做了，直到打造出北台灣荔枝啤酒。

「當時有一位老闆建議何不釀看看水果啤酒，我們選定台灣荔枝，一推出就大受歡迎，讓酒廠起死回生。」回想起天天以廠為家，忙得天翻地覆卻被打槍的日子，溫先生

輕描淡寫的訴說著，彷彿那已經是很遙遠的事情了。身為釀酒師的溫先生，鑽研釀酒外也常喝來自世界各國的精釀啤酒做功課，發現了啤酒更多的魅力。「我常常跟 Café Odeon 的前老闆鄭承偉和他的學弟一起喝酒，這些人都是精釀啤酒狂，常帶上來自比利時、美國等各國精釀酒款，讓我的視野更開闊。」

懂得釀酒又喝過那麼多酒，問他最喜歡的一款，他說給自己一個喜歡的定義，就是「我會不會再回去點這瓶酒」。「我發現 Orval 是我一直會點的啤酒，從以前到現在都沒有變過，Rochefort 10 也不錯。精釀啤酒的另外一大魅力是價格很便宜，美味的修道院啤酒一罐最多兩百塊，等於用便宜的價格就能品味人生，划算且沒有壓力。」我一旁點頭如搗蒜。

聊著聊著，提到北台灣釀酒廠的未來，溫先生的語氣更添信心，「明年預計北台灣經典 6、經典 8 穩定推出，更要嘗試 Triple 風格的經典 10，貼近比利時正統的 Abbey 啤酒廠。」目前荔枝啤酒更出口到新加坡，顯然銷路不錯！然而，酒廠經營逐漸上軌道，溫先生構想已久的小心願卻依然懸盪空中。「等時機成熟，希望能舉辦台灣第一屆精釀啤酒節，聚集 Made In Taiwan 的精釀酒廠，一旦推辦就要年年舉辦，讓大家知道台灣精釀酒廠的特色。」距離這願望實現的日子應該不遠。也許將來問人「為何愛喝啤酒」時，答案是「因為參加了台灣精釀啤酒節！」。

麥芽，啤酒花，水與酵母，

一場藝術和科學的完美傑作。

許多人都以為啤酒沒什麼學問，不過就是喝了清爽過癮的酒精，強調的是氣氛而非口感。但如果你試著瞭解啤酒，就彷彿打開了通往未知新大陸的一道門。

探索
精釀啤酒之始

認識精釀
愛上啤酒的初衷

精釀酒廠“Microbrewry”這個字眼是英國於1970末興起的概念，泛指小型且產能限量的酒廠，態度上注重多元風格，傳統和創新並進的釀酒精神，跟通常以單一產品為主的大型商業酒廠做區分……

2011年釀酒師聯盟（Brewer's Association）登錄了143種啤酒風格，而95% 7-11架上的啤酒卻只是其中一種，光認識這些啤酒風格就讓你玩不完！精釀酒廠“Microbrewry”這個字眼是英國於1970末興起的概念，泛指小型且產能限量的酒廠，態度上注重多元風格，傳統和創新並進的釀酒精神，跟通常以單一產品為主的大型商業酒廠做區分。本書內則將定義的範圍擴大，介紹美味與具備精釀精神的優質啤酒。近年來台灣已經能喝到不少來自世界各地的啤酒風格，但還是有太多得親自飛一趟歐洲或美國才喝的到，往往只能看著教科書望梅止渴，這本書就會講到出國必買的傳奇酒款。

認識啤酒除了多了個藉口喝酒，額外的收穫也不少。就像研究葡萄酒的人因風土關係瞭解地質學，啤酒則讓你對歐洲歷史與化學有了基本認識。釀酒是人類文明演化重要的一部份，啤酒釀造早在西元9500年前的美索不達米亞平原就有記載。許多學者相信遊牧民族是因為種植野生穀物開始務農，進而學會做麵包與釀酒。最早的啤酒酒譜出現在西元前1800年，以「釀酒女神

Ninkasi 之歌」刻在蘇美人的石板上，記載著以麵包、麥芽、蜂蜜、葡萄釀出來的美酒。古早的埃及遺物中更常見到啤酒的蹤影，就連中國古代也有以麥芽釀造「醴」的記載，說法眾說紛紜，引起歷史學者的激烈討論。在歐洲，較溫暖的區域種植葡萄釀酒，寒冷的北方則用穀物如大小麥釀酒，包括德國、比利時、英國等地，風格與歷史故事大異其趣，間接形成了現代啤酒的面貌。演變至今，啤酒主要有四種原料：麥芽，啤酒花，水，酵母。

而這四種原料又分別有百種變化；另外還有香料、藥草、水果等添加物。因此釀酒師又像廚師做菜，你可以做出簡單的三明治，也可花上

一天做出複雜的八寶雞。這幾年世界各地精釀酒廠的崛起快速，強調優質原料，多元化，創新傳統釀法，成為不景氣中少數成長的產業，像美國的 Bostom Beer Company 自華爾街上市起，股價漲了 3 倍，讓大型商業酒廠不得不正視。身為消費者的我們更要懂得從精釀啤酒中享受樂趣，瞭解精釀啤酒的多元性之餘，也間接鼓勵優質的啤酒文化。

我有不少朋友愛上啤酒後更上層樓，選擇自己動手釀酒做 Homebrew，在國外不少新興酒廠都是從 Homebrew 開始實驗。而北台灣的溫先生也不例外。麥芽不像葡萄，經歷長時間運送也不影響品質，啤酒花乾燥後同理可證，因此台灣可以喝到德國風味的拉格，日本可以喝到英國麥芽釀出的英式愛爾。有人說，啤酒不屬與台灣文化，不值得如此深究，但在國際化的時代，啤酒就是大家的文化。也許當你認識了啤酒的基本元素與釀酒過程後，也會手癢忍不住釀起酒來，創造出一款“Made in Taiwan”的精釀酒款。

釀造
四大元素的魔幻盛宴

麥芽，啤酒花，水，酵母，啤酒的四大基本元素，彼此拼配出一幅幅美麗又各異其趣的圖像，有時小家碧玉，有時豐潤美幻，令人深深著迷……

Malt 麥芽——啤酒的靈魂

麥芽是啤酒的靈魂，給了啤酒顏色、酒體、風味、甜度等特質。麥芽前身的大麥本身硬邦邦，澱粉高，蛋白質低，最好的用途就是拿來釀酒。大麥主要生長於 45 到 55 緯度之間寒冷的區塊，產地有捷克、德國、丹麥、英國、美國等，一般來說有兩條與六條大麥，海邊或內陸品質不同的說法。

早期啤酒廠設有麥芽製作室，如今會直接跟專業麥芽廠購買麥芽，製作分成三步驟：浸水，發芽，烘乾；其中溼度與溫度的控制是關鍵技術。大麥冒芽尖後會充滿了酵素，讓澱粉在適當的溫度之下轉換成糖份。下一步的烘乾則讓化學反應暫時停止，並將麥芽依烘烤程度染上由淺至濃的顏色，帶出不同風味。一般分為基底麥芽與特殊麥芽，基底麥芽構成大部份的麥汁，如淡色的 Pale Malt 或 Pilsner Malt 給啤酒主要甜味，特殊麥芽如 Munich 慕尼黑麥芽、Chocolate 巧克力麥芽等則賦予啤酒各式風味。舉例來說，70% 的淡麥芽加 20% 的焦糖麥芽與 10% 的深色麥芽等，就會是理想的麥汁風格。

其他穀類

小麥也是常見的釀酒原料之一，在歐洲曾因跟麵包搶食材而被限制使用，通常跟大麥一起合釀。小麥的蛋白質高，給予啤酒果酸感與豐富的泡沫，成為近年來漸受歡迎的夏日啤酒。裸麥與燕麥也是從前常加入釀酒的穀類，裸麥會給啤酒帶來苦味與新鮮穀粒感，燕麥則會讓酒體滑順，Samuel Smith 的燕麥司陶特就是出名的例子。大型商業酒廠常會加入玉米在大眾拉格，主要用來增添麥汁的濃度，提高酒精感，價格又比麥芽便宜。然而跟麥芽相比對於風味的影響很小，也因此一些北美洲的精釀廠商會強調「全麥芽」，暗示著更豐富美味的口味。

Hops 啤酒花——風味的來源

啤酒少了啤酒花，就像廚師做菜少了調味料。啤酒花跟大麻屬於同一個家庭，外型很像爬牆的藤蔓，釀酒師只取其錐形果實，其中含藏的油脂、單寧等，給予啤酒苦味、風味與香氣。啤酒花生長於緯度 30 ～ 52 度間，從美國西北方、英國南部、比利時西南部、巴伐利亞、捷克，甚至日本都能見其身影。除了給予啤酒美妙的風味外，啤酒花最重要為殺菌防腐的功能，像運送到遙遠印度的英國 IPA，或比利時農夫冬天釀酒夏天喝的 Saison 都加入大量啤酒花。

啤酒花通常分成整朵乾燥或藥丸等不同的形式，滾沸時放置有兩到三階段，共約一個小時半。基本分為香味型、苦味型。通常沸騰前先放苦味型啤酒花約九十分鐘取其苦味，再放入香味型數分鐘，免得沸騰時間過長香味散去。IBU 值越高代表苦味越高，一般 IBU 為 20 ～ 40，有些美式 IPA 的 IBU 高達 70 以上。早期英國釀酒師在熟成時加入啤酒花泡製，稱為 Dry Hop（冷泡法），讓啤酒充分吸收啤酒花的油脂與香氣，浸泡時間由數天到兩個禮拜，香氣迷人。各地出產的啤酒花各有特色，德國的 Hallertauer 與 Saaz 苦味直接芬芳，英國的 Fuggle 或 Golding 則有細膩的藥草味，美國的 Cascade 呈現濃郁的葡萄柚皮香等，釀酒師會選擇一種或多種乾燥後的啤酒花組合。

之前美國精釀酒廠 Port Brewing 也出一種 Wet Hop，直接將新摘下來、不經過乾燥的新鮮啤酒花丟到滾沸或熟成槽內的啤酒，都讓啤酒花充滿話題性。

Water 水——釀造的泉源

水，是啤酒最重要的元素，佔據了啤酒 85% ～ 95% 的成份，釀酒廠也需要大量的水運作，包括蒸氣加熱、烹煮麥汁，到清洗器具等，因此早期酒廠大部份建立在水源方便的區域。直到後期，人們才發現水質對啤酒品質的影響非常大，如礦物質比例、PH 質、溶解物等都是原因。

礦物質通常對啤酒風味有細微的影響，其中又以元素如鈣、鎂、鈉、重碳酸鹽、硫酸鈣、氯化物最重要。水質充滿高礦物質含量的稱為硬水，較少則稱為軟水，像以軟水出名的捷克皮爾斯鎮（Pilsen）就能釀出極為脆爽，突顯啤酒花特性的啤酒，如有名的 Pilsner Urqell。

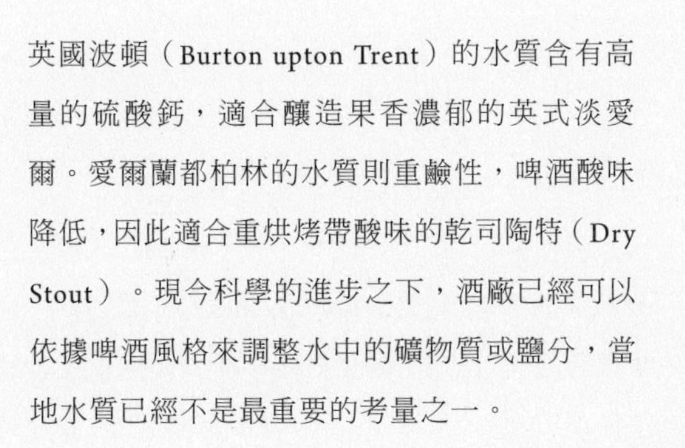

英國波頓（Burton upton Trent）的水質含有高量的硫酸鈣，適合釀造果香濃郁的英式淡愛爾。愛爾蘭都柏林的水質則重鹼性，啤酒酸味降低，因此適合重烘烤帶酸味的乾司陶特（Dry Stout）。現今科學的進步之下，酒廠已經可以依據啤酒風格來調整水中的礦物質或鹽分，當地水質已經不是最重要的考量之一。

Yeast 酵母——酒體變奏曲

酵母是由單細胞的生物組成，給予啤酒酒精與二氧化碳，肉眼看不見卻無所不在，像麵包、饅頭、葡萄酒等美食。從前人們不知道酵母是什麼，只知道空氣中的精靈把一池寧靜的糖水轉化成一潭美酒，英國人還稱酵母為“God is good”。

啤酒酵母主要分成三大類，一是愛爾酵母 Saccharomyces cerevisiae，發酵期間會慢慢上升至至啤酒表層，狀似滾沸的泡沫，因此又稱上層發酵酵母，通常帶給啤酒圓滑感與果香或香料般的味覺。二是拉格酵母 Saccharomyces pastorianus，發酵末期會下沈於酒桶底部，酒色也較透明，又稱下層發酵酵母，讓啤酒味覺中立且有著更清脆乾淨的口感，有時會產生硫化物味覺。三是野生酵母，Brettanomyces，指空氣中飄浮的野生酵母，不穩定性高，像比利時 Pajottenland 區域的野生酵母會賦予啤酒一種皮革般的怪味。

這種野生酵母通常會與微生菌肩並肩合作，微生菌產生優酪乳或醋等類似反應，讓啤酒產生酸味。因此風格像是 Lambics、Gueze、Flemish Red 等野生酵母啤酒都又怪又酸，讓人又愛又恨。如今科技進步，酵母銀行裡能購買到多達數百種的酵母組合，許多釀酒師光實驗酵母就樂此不疲。

其他添加物

早期釀酒的設備與知識不足，酒體常會產生些不愉悅的怪味，有時便選擇加入食材把雜味蓋掉。添加物視當地傳統就地取材，從藥草、香料、水果、杉樹針應有盡有，最出名的比利時白啤酒就添入當地的萎荽，與殖民地加勒比海生產的橘子皮釀酒，至今比利時釀酒師多習慣加入香料調味。不過添加物也讓釀酒師容易偷工減料，1516 年德國純酒令就為了防止品質下降，頒布只能使用「麥芽，水，啤酒花」的法令，傳統延續至今。如今方便的運輸讓一切食材取得容易，新世代的釀酒師創意不設限，直接加入咖啡豆、巧克力、蔬菜、西瓜汁、茉莉花、辣椒、蚵仔等，應有盡有，有時隨著季節特色加入南瓜等農產品，讓啤酒成了創意的搖籃。

精釀藝術・啤酒的誕生

啤酒工廠——釀造之旅

Milling 磨碎麥芽

Mashing 麥汁糖化

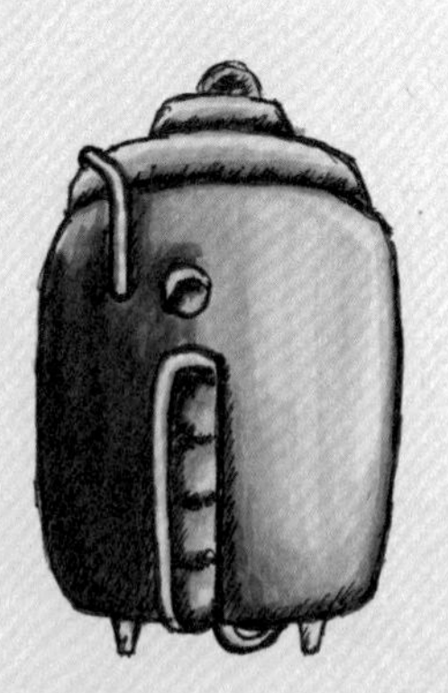

Lautering 麥汁過濾

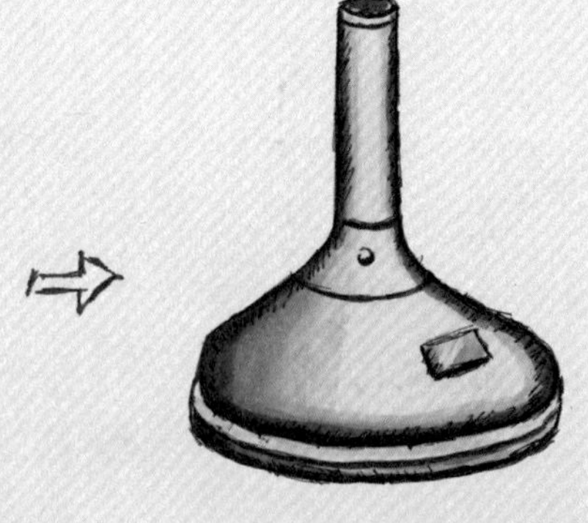

Boiling Kettle 滾沸槽

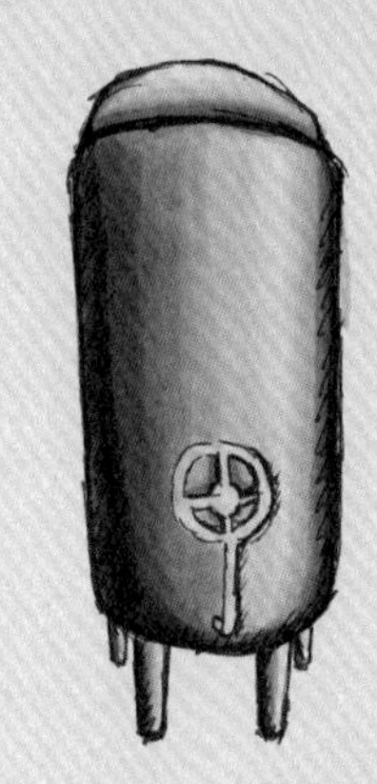

Fermentation 發酵

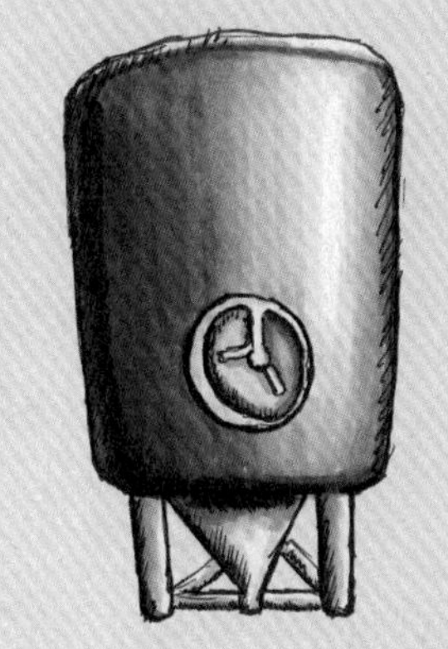

Lagering 熟成槽

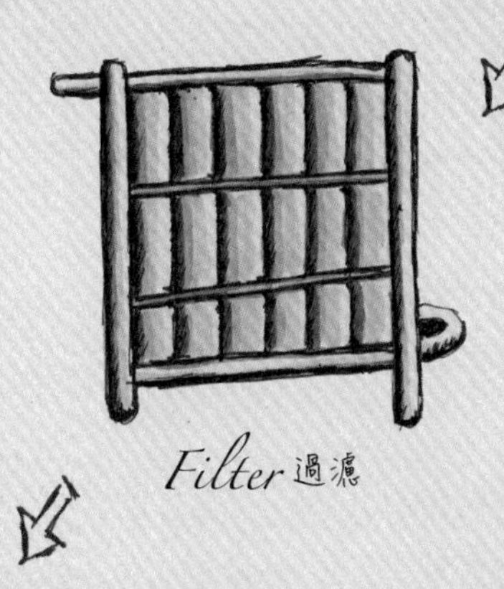

Filter 過濾

Racking 裝瓶

Cheers 乾杯

Milling 磨碎麥芽

待釀酒師挑好麥芽組合之後，就在廠內進行磨製的動作，將麥殼磨碎至更小的粒子，讓下一步的麥汁糖化過程更順利。磨得越細，麥汁甜度就會更高，但也有可能因變得過分黏稠，在過濾上更難處理。

Mashing 麥汁糖化

麥芽磨碎後就轉入糖化槽（Mash Tun）內進行糖化，萃取麥汁。麥芽浸泡在熱水裡約一至兩個小時，溫度約 65 度左右，接著澱粉內的酵素開始做工，將澱粉轉變成糖與蛋白質，產生出似粥般黏稠又香甜四溢的麥汁。由於不同的溫度會給予不同風味，目前有幾種糖化過程，一是糖化過程保持同一個溫度，二是將溫度逐步升高，三是將兩種不同溫度的糖化麥汁混合等，端看酒廠配備與釀酒師的選擇。

Lautering 麥汁過濾

麥汁完成後就會轉到過濾桶（Lauter Tun）內進行過濾，未溶解的穀物殼便成為良好的過濾層，過濾出濃稠的第一道麥汁。接著釀酒師會物盡其用的將約 75 度的熱水灑在剩餘的穀物殼上，沖刷黏附在上頭的麥汁，成為第二道麥汁。

Boiling Kettle 滾沸槽

這個階段主要是加入啤酒花滾沸，滾沸會帶來好幾樣目的，一、高溫使酵素停止運作讓酒體更穩定；二、讓蛋白質或氨基酸經過變化後穩定泡沫；三、滾沸會影響麥汁，有更多烘烤味；四、滾沸啤酒花後，讓啤酒變得穩定且充滿風味；五、把一些不愉悅的風味揮發掉。前述提到，釀酒師首先會分別加入苦味型、風味型、香味型的啤酒花，共約 90 分鐘，充滿啤酒花香的麥汁就可以準備進入發酵槽發酵了。

Fermentation 發酵

發酵槽內的溫度依照酵母需求而定，如果是愛爾酵母，溫度便會高達 16 ～ 22 度；如果是拉格酵母，則要降低溫度，約 9 ～ 14 度。酵母會把麥汁內的糖吃掉，產生酒精、二氧化碳和熱能等，作用在第二天會達到最高峰，接下來活動逐漸緩慢。 一般發酵槽是密閉式，但英國也有開放式的發酵槽，釀酒師可直接監督發酵過程，發酵完後快速的放入熟成槽內，避免遭細菌感染的風險。比利時的 Lambics 釀酒師更是大聲歡迎野生酵母與細菌來造訪，成就啤酒的獨特風味。

Lagering 熟成槽

熟成階段又稱為第二次發酵，完成發酵後，酵母會產生一些不愉悅的味道，透過時間的熟成，能提升這些不愉悅的滋味，讓啤酒變得更圓融。酒體沈澱熟成的時間約 2 ～ 3 個禮拜。拉格溫度要至 0 ～ 4 度，愛爾則偏高，10 到 20 度不等，時間上相對縮短許多。英國的 Cask Ale（木桶愛爾）發酵後直接裝入木桶，運到酒吧讓酒保決定熟成時間，通常一個禮拜內就會開桶。

Filter 過濾

過濾泛指將酵母與多餘的穀粒濾掉，啤酒看起來才會光滑亮麗，口感也比較清爽。然而不少比利時與美國酒廠都主張不過濾酵母，認為保留酵母會讓口感更渾厚，台啤十八天就是這樣的概念。

有些酒廠不止不過濾酵母，裝瓶時更加了多餘的糖，讓啤酒進行瓶中二次發酵，概念有如香檳般，氣泡濃密之餘，口感也隨著時間的拉長變得更複雜。不少比利時與美國酒廠都主張不過濾酵母，認為酵母會讓口感更渾厚。

Racking 裝瓶

許多小型啤酒商沒有自己的裝瓶廠，只能以簡單的機器手工裝瓶，不然就是到有完整裝瓶線的酒廠裝瓶。一般裝瓶有玻璃瓶或鋁罐兩種容器，啤酒口感上差異不大。

啤酒是一種雅俗共賞的飲料，價格合理，常是聚會時的首選。啤酒需要品嘗嗎？當然需要。但我認為，品嘗精釀啤酒的第一條件，首先，要習慣倒到杯中飲用。

感官之間
品飲精釀啤酒

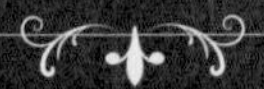

品飲‧只為樂趣

酒與杯的美味關係

每當有人直接從瓶身口喝啤酒，邊說「這樣最爽時」，我就像看到東西被摔在地上般心疼，大眾品牌拉格無所謂，但若是瓶中二次發酵的啤酒，直接喝早就被氣泡嗆入喉，既沒辦法聞香，也沒辦法讓酒體在舌尖廣泛接觸，無法得到最大的樂趣啊！品飲啤酒是為了自己的樂趣，將一款啤酒從顏色、氣味、口感、尾韻，像吃一條魚只吐出骨頭般的完全享受。然而品嘗首先有幾點要素，第一點當然是杯子，杯子的設計有其功用，主要是考量到泡沫、色澤、溫度等。舉個例子，寬口的杯子可以承受大量泡沫，逐漸縮小的杯口可凝聚香氣，有杯梗也可以保持溫度（因手不直接接觸杯身）。比利時酒廠會出產自己的杯子，杯口的大小、深度，都是為了讓啤酒呈現最完美狀態，宛如藝術般需要舞台陪襯光芒。我建議家裡擺上四種杯款，一是直挺的美式或英式品脫杯，二是狹型香檳杯，三是修長的小麥啤酒杯，四是寬口的大型紅酒杯，足以應付不少風格。

當知道風格時，就會對眼前的啤酒有一些基本概念，像一般皮爾森拉格講求為啤酒花的苦味與清澈感；英國淡愛爾是麥芽甜味與果香；波特或司陶特則是巧克力或濃縮咖啡的烘烤麥芽滋味；小麥啤酒通常帶酸且清爽；陳年大麥酒則會有濃縮般的麥甜與如雪利酒的高貴口感。好的啤酒應該有完美的平衡與複雜度，且展現出風格應有的味覺表現。

點啤酒，為了避免味覺疲勞，建議從酒精濃度最輕的依序排列，例如從小麥啤酒，英式愛爾，慢慢品嘗到強比利時啤酒。一般來說傳統的下酒菜為鹹的醃漬物，這的確很適合清爽的拉格，不過，若是品嘗比利時啤酒就會很奇怪。建議桌上可以擺一點麵包、餅乾、核桃乾果，清味蕾之餘順便解解饞。

當然，品嘗啤酒不需要是一位大師，只要有開放與好奇的態度，甚至亂講一通也無所謂，畢竟品味是主觀的。品酒的目的在於享受，與跟朋友分享討論，當一支酒能凝聚更多話題時，聚會也會更熱鬧。

品飲之前——倒酒方式

啤酒跟其他酒類最大的差異處就是泡沫。泡沫像是啤酒的衣裳，能將啤酒點綴得更漂亮。倒啤酒不用太小心謹慎，但好的泡沫能加強香氣與外觀，因此以產生適當美好的泡沫為主。倒酒依據不同的杯型款式，不同啤酒風格（有的泡沫少，有些泡沫多）而異，建議泡沫豐盈之餘甚至浮起杯緣 1 ～ 1.5 英吋。以下示範風格美國淡愛爾：

選擇乾淨的杯子，建議用洗潔精清過，免得雜物影響泡沫的停留。

將杯子傾斜 45 度，朝向杯子中段方向倒酒。

倒到一半時將杯子轉往 90 度，繼續往杯邊中段倒，有助於泡沫濃密。

如泡沫不夠多，可於倒酒時增加瓶杯之間距離。濃密泡沫與酒體的比例依杯型不定，美式品脫杯以 3：7 為佳。

KASTEEL

BRIGAND
BRIG

品飲精釀——眼耳口鼻的感動

外觀 Apperance

外觀會刺激食慾，觀其顏色與泡沫，最好在有充分燈源的空間內，顏色才會準確。此時觀察一下，顏色是金黃還是琥珀？濃度是不見五指還是清透？泡沫細膩還是粗泡？停留時間久不久？喝完時在瓶杯留下的蕾絲線條？瓶身倒完後是否會留下酵母？留下酵母代表著二次發酵。以上都是啤酒的基本元素。

香氣 Smell

由於啤酒的香氣會隨著泡沫揮發，動作也得快一點。不同風格香味也不同，像是比利時愛爾的香料味，英國波特的烘烤味等等。當啤酒的溫度在 7 ～ 10 度間，香味也會最明顯。然香氣時而會有弦外之音，像 Gouden Carolus Triple（沒錯，我正邊寫邊喝這支酒）就聞到味覺沒有的小黃花香味，非常迷人。

味覺 Taste

舌頭上分布酸甜苦辣的味感神經，舌尖感受甜味，中段為酸味，苦味在舌根後方，飲酒的快慢也會影響整體風味。也會因香氣、視覺，跟你的回憶組成受到影響。有時也會鬧出笑話，中國人覺得的墨汁味，外國人覺得是青苔味，或者我們的中藥變成他們的香料，所以就用你覺得最恰當的方式去描述。

口感 Mouthfeel

指的是口腔與喉頭間給予的印象，通常由氣泡大小，剩餘的蛋白質等物質來決定。例如它像果汁或是奶油？質地油滑還是如絲綢般滑順？乾爽還是甜膩？喝完後餘韻會繚繞嗎？口感滑順與否，有時因穀粒的單寧所致，像加燕麥就會讓酒體滑順。另外糖化溫度的高低、麥汁的濃度，也會影響酒體的厚薄。

啤酒常見味覺一覽

啤酒的每種風格都有基本味覺表現，有些味覺來自麥芽，有些於發酵階段產生，有些來自啤酒花，以下是常見的啤酒味覺……

酸味

指的是愉悅的酸如檸檬、柑橘，或者酵母給予的果酸味，如比利時野生酵母啤酒，或柏林小麥啤酒

太妃糖味

麥芽的特性，尤其出現在德國用維也納麥芽的維也納啤酒 Vienna Beer，或十月琥珀啤酒、司陶特

醋味

有時法蘭德斯紅、棕愛爾就有愉悅的水果醋味

藥草味

啤酒花的味覺，包括月見葉、薄荷、綠薄荷等

苦味

主要來自啤酒花，美式風格或英式苦啤酒通常比較明顯

焦糖味

通常來自焦糖麥芽，慕尼黑或維也納麥芽也有此特色

稻草味

常出現在某些啤酒花，如歐洲拉格

香蕉味

常出現在德國小麥啤酒

胡椒味

常出現在比利時愛爾，有黑胡椒或白胡椒味

松香味

常出現在美式愛爾，其味來自美式啤酒花

蘋果味

許多英式愛爾，若有青蘋果味道代表熟成不夠完全

核桃味

來自水果麥芽，常出現在北方英國棕愛爾

泡泡糖

出現在德國小麥啤酒，由複合物 guaiacols 產生

柑橘味

出現於啤酒花，例如美式或一些英式啤酒花都有此滋味

麥芽味

常涵蓋餅乾、烘烤與太妃糖等滋味

煙草味

有時來自德國的 Tettnang 啤酒花

丁香味

出現在德國小麥啤酒很適當，由發酵中的 phenols 產生

酵母味

新鮮的酵母有些像是剛出爐的麵包，在某些風格中很常見

玫瑰味

來自啤酒花，有時出現在瓶中二次發酵的比利時啤酒

葡萄乾味

在深色愛爾裡常出現的味覺，像帝國司陶特，通常出現於發酵階段

燒焦味

通常來自高度烘烤的麥芽，風格如司陶特常見

葡萄酒味

啤酒在木桶內熟成，如野生酵母或強愛爾，有時會帶此味覺

奶油糖

出現在某些英國愛爾，如來自北英國或蘇格蘭的啤酒都很適當

咖啡味

深色麥芽出現在黑色拉格、棕愛爾、波特或司陶特

啤酒花味

涵蓋許多項目如藥草味、大地、針樹葉、杉樹，並有愉悅的苦味

煙燻味

來自煙燻麥芽，德國的煙燻啤酒尤其明顯，甚至像在吃培根

雪莉酒味

常常會出現在比利時野生酵母的 Lambics；甜雪莉則出現在瓶中二次發酵啤酒內

土壤味

比利時或英國啤酒也常有類似味覺，想像濕土壤或溼石頭的味道，主要來自英國啤酒花

甘草味

深色麥芽帶出的味覺，像是德國 Schwarzbier、英國老愛爾，或波特、司陶特中非常常見

葡萄柚味

美國啤酒花常出現的味覺，其實由 Cascade 產生

餅乾味

淡麥芽（Pale Malt）的標準滋味

苦味就不好？

今年夏天某大廠牌強力主打「不讓你吃苦」，在台灣精釀啤酒俱樂部的臉書版上引起爭議，更讓不少喜歡精釀啤酒的人啼笑皆非。啤酒的苦味來自啤酒花，而啤酒花不止有防腐的作用，苦味更賦予啤酒多種香氣與風味，如柑橘、藥草、杉木、濕土讓味等，少了啤酒花，就像菜色少了調味料般，再純濃的麥汁都會失色。 而且好的苦味是豐厚宜人，引人回味，絕不只是單調的「苦」字。所以，想體會優質啤酒可千萬不要怕吃苦，不然乾脆喝麥芽汁吧。

啤酒的十大迷思

雖然啤酒是非常受歡迎的飲料，但多數人認識啤酒都是從看廣告開始，廣告內容又常有誤導人的錯誤訊息，產生不少啼笑皆非的啤酒迷思。這些啤酒迷思經常以假亂真，如此實際又貼近生活，讓人看不清真實的樣貌。以下就是一般人對啤酒的十大迷思，看完之後保證讓你恍然大悟。

1 啤酒越冰越好喝？

廣告都強調「啤酒就要冰鎮喝」或「清爽無苦味最好」，大錯特錯，千萬別被廣告迷惑。啤酒不同溫度合適不同風格。凜冽的溫度會加強乾爽感、酸味、苦味和氣味感，但也蓋住了其他味覺；溫度升高則加強了入口飽滿度、香氣與甜度。廣告中的淡拉格味道平淡，沒其他優點，當然強調越冰越好喝！

一般來說，大眾拉格的飲酒溫度確約 0 ～ 4 度；小麥啤酒（Hefeweizen or Witbier）、傳統皮爾斯（Pilsner）、水果啤酒（Fruit Beer）、強黃金愛爾（Strong Golden Ale）等約 4 ～ 8 度最完美；美國淡愛爾（American Pale Ale）、司陶特（Stout）、德國黑啤（Dunkel）、比利時 Triple 等則是 8 ～ 12 度；英國苦啤酒（Bitter）、比利時 Dubble、蘇格蘭愛爾（Scottish Ale）、塞尚（Saison）等則是 12 ～ 14 度，像大麥酒（Barley Wine）或四重發酵（Quadrupel）這種超濃啤酒，則為 14 ～ 16 度。有些啤酒甚至如 Liefmans Glühkriek 要熱的喝，徹底顛覆想像。

2 啤酒沒有葡萄酒那麼複雜？

每每有人聽到我在研究啤酒，表情明顯流露出懷疑，接著說「我也喜歡喝啤酒」彷彿心中 OS：啤酒還需要研究嗎？葡萄酒與啤酒都是發酵酒，兩者都很棒，我也曾通過葡萄酒 WSET 中級認證考試。公正來說，啤酒絕對跟葡萄酒一樣複雜。啤酒多達一百四十幾種風格，幾千家品牌，其中麥芽、水、酵母、啤酒花，這四種元素的組合，成千上萬種變化，加上多變的添加物或發酵方式等，近來精釀酒廠更流行將啤酒放入烈酒木桶內熟成，增加其口味與價值。釀酒師就像是廚師般永遠有研發不完的創意，食譜日新月異，讓人常有玩不完的新發現。

3 啤酒越新鮮越好喝？

這個說法說對了一半，啤酒通常是新鮮從酒廠出來最好喝，尤其尚未過濾酵母之前，那股豐富飽滿的酵母鮮味真是無與倫比的美味！一般啤酒殺菌裝瓶保存期限約三到六個月不等，但許多高酒精濃度的啤酒則是例外。這些啤酒通常經歷瓶中二次發酵，強調越陳越香，例如比利時修道院啤酒風格，比利時強棕愛爾，酒精濃度高達 9% 的奇美藍（Chimay Bleu），就有人放了 28 年仍風味猶存。

英國濃郁的大麥酒、帝國司陶特、Lambics 或者過木桶的桶陳啤酒等，也都是隨著年歲越放越美味的啤酒，年份讓複雜度越見圓潤融合，保存長達五年以上。Fuller's 與國王啤酒 Gouden Carlorus 更出了標明年份，專門拿來存酒的 Vintage Ale 系列，在台灣都能買到。儲存啤酒建議直立的放在屋子內最陰暗乾燥的角落，避免陽光直射。當然，溫度控制在 10 ～ 12 度是最理想的情況。

4 黑啤酒的酒精濃度很高？

常有女性朋友一聽到黑啤酒就猛搖頭，直認為酒精濃度太高，真是大錯特錯。黑啤酒中黑色麥芽放的比例通常不高，除了帶給啤酒視覺、香氣、味覺上更多烘烤味或巧克力味外，跟酒精濃度並無關連。舉例來說，健力士（Guinesse）的酒精濃度約 4.2%，比台啤還低，酒色卻如墨色般不見底。另外像比利時的 Duvel 顏色透出亮眼迷人的金黃色，酒精濃度卻高達嚇人的 8.5%，可見酒色絕不等於任何標準。

5 喝啤酒就有啤酒肚？

相信我，不是因為你喝啤酒，而是你一次喝了「太多啤酒」。一罐啤酒的熱量跟一罐可樂相差無多，甚至比一杯紅酒少一點，然而一般人卻很難只喝一罐。記住，任何東西吃太多都是會胖的，許多釀酒師一點都不胖，因為他們很節制。喝精釀啤酒得捨棄乾杯文化，學習重質不重量，畢竟只有擁有健康的身體，才能快樂的喝酒啊！

6 生啤酒比較好喝？

許多人以為只要是酒吧內把手流出的啤酒都叫「生啤」，其實這是需要糾正的觀念。真正的生啤酒是新鮮、且沒經過濾酵母與殺菌的過程，幾天內沒喝完就會酸掉。然而一般酒吧進口的生啤酒因旅程遙遠，早做好殺菌與過濾的程序，品質跟瓶裝啤酒沒兩樣，有時還因吧檯管線清潔不好而品質更糟。想喝美味生啤酒，因期限問題往往只能飛國外一趟。目前台灣真正的生啤酒只來自台灣本地酒廠，如台啤十八天、北台灣生小麥啤酒、泡泡堂生小麥啤酒等，提供最新鮮的生啤魅力。

7 啤酒和高級餐廳不搭嘎？

很多人都覺得啤酒難登大雅之堂，但由於啤酒經過糖化、煮沸等高溫過程，有許多葡萄酒所沒有適合配菜的味覺，如焦糖味、烘烤味、甘草味等，這些味覺都成了啤酒最大的利器。紐約不少名廚餐廳都已瞭解啤酒特質，如電視節目「頂尖主廚大對決」主持人 Tom Colicchio 的紐約名店 Colicchio & Son，法國名廚 Daniel Bouloud 開的 DGDB 等，都有多達四十幾款啤酒選項。比利時的米其林推薦餐廳 De Bellefleur 以啤酒入菜與搭餐的法式料理出名，用啤酒搭配魚子醬、龍蝦松露等高級食材，極盡享受。再舉個例子，美國知名 Stone 酒廠曾經盲目測試「葡萄酒搭餐」，與「啤酒搭餐」的合適度，在同一份菜單下，啤酒獲得壓倒性的票選勝利。

8 水果啤酒是給女孩子喝的？

市面上大部份的水果啤酒的確適合給女孩子喝。然而如果選擇用比利時傳統作法的野生酵母水果啤酒，反而會讓女生皺著眉頭，那股如臭襪子般的酸勁與濕木頭味可是要累積足夠的啤酒品味才能瞭解。我更建議的水果啤酒是如大象紅（Delirium Red）、城堡紅（Kasteel Red）、Bush Peche 這類達 8.5 度酒精濃度的水果啤酒，這類水果啤酒的果味與麥汁濃度漂亮的融合，不會有像在喝果汁水的感受。如果單純女孩子的聚會，有時德國或比利時的小麥啤酒也是很安全的選擇。

9 愛爾比拉格好？

當你有這樣的想法時，恭喜你，你的程度已比一般人更高。很無奈，大多商業拉格因降低成本關係，品質都很普通，相對之下高品質的啤酒如比利時或美國精釀等都是上層發酵的愛爾，也讓一些初入門者對拉格有不好的印象。拉格酒款雖然變化較少，但好的拉格有時比愛爾更難釀造，無論在發酵控制、熟成上都要花上更多的時間。目前有不少精釀酒廠開始把目標放在製作美味拉格上，讓拉格不再如清水滋味般淡薄，洗刷惡名。

10 英國或愛爾蘭啤酒是暖的？

很多人滿心歡欣的對「到英國喝啤酒」充滿幻想，沒想到卻嘗到「暖」的啤酒，大感失望。其實「暖」是因為相對論，當地的"Cask Ale"木桶愛爾強調一般酒窖的溫度，約 15 度左右，跟室溫約 25 度相比還算的上冷，只是跟大部份人所熟悉「冰」的滋味暖上許多。英國人相信只有這樣的溫度下，木桶愛爾的麥芽甜味才會充分表現，過冰的啤酒只會將複雜的香氣掩蓋掉。

舉杯時刻。經典酒款大賞

冰透沁涼的酒體，挑逗你的神經，釋放你的渴望，
每一口都是五感的極致享受。一只只玻璃杯，
彷若一座時尚伸展台，各式風格正於其中演繹、呈現。

清一色甜美曼妙？比利時傳統的野生發酵水果啤酒顛覆你的思維。十足個性派，酸香複雜、臭襪子般 Funky 的味道。少了女孩的嬌俏，多了老成的性感，複雜的口感，也許更能讓女郎們吐露心事。

Fruit Lambics
水果啤酒

野生酵母水果啤酒
廢墟創造的獨特滋味

布魯塞爾座落了歷史最悠久的野生酵母啤酒大廠 Cantilion Brewery，外觀低調連個招牌都沒有，像個停工已久的廢棄倉庫……

在台灣的啤酒咖啡廳，水果啤酒永遠都是賣的最好的品項，但你知道市面上號稱「野生發酵水果啤酒」其實跟真正的傳統滋味差很多？來到比利時的 Payottenland 區，首都布魯塞爾內座落了歷史最悠久的野生酵母啤酒大廠 Cantilion Brewery。位在市區火車站走路不遠處，外觀低調連個招牌都沒有，像個停工已久的廢棄倉庫，讓我懷疑自己走錯地方。推開門，簡直像一百年沒有清洗的穀倉倉庫：地板上破碎的磚瓦，成疊的木桶積滿厚厚的灰塵，一旁的裝瓶器具掛了蜘蛛網等，跟現代化乾淨劃一的啤酒工廠，呈現天差地遠的區別！

「廢墟才能創造出野生酵母啤酒的生命力。」原來 Cantillion 酒廠的環境是刻意不做任何改變。「為了提供野生酵母的環境，從 1900 年到現在我們不敢重新裝潢，就怕野生酵母不習慣後嚇跑了」Cantillion 第四代主人 Van-Roy 說。野生酵母發酵的啤酒，顧名思義，指的是麥汁在開放發酵槽靜置，讓空氣中的酵

LS MUSEUM VAN DE GEUZE

母菌飛到麥汁裡產生佳釀，靠的是當地的「風土條件」，跟一般從實驗室買來的酵母不一樣。Boon 酒廠的主人 Frank Boon 也曾說，「你沒有辦法複製我們的味道，這只屬於這個地方。」這種製造特殊風味的野生酵母只環繞在布魯塞爾南方的 Payottenland 區域，無可取代。

認識野生酵母水果啤酒之前，必須先理解到此風格是一門釀造藝術，過程十分嚴謹。釀酒師先以麥芽與未發芽的小麥做為基底麥汁，加入刻意成熟三年的老啤酒花，原因是避免過度的苦味掩飾啤酒的原味。麥汁加入啤酒花滾沸後，釀酒師會將麥汁放在一個四方形的淺銅盤上（cool ship），讓它冷卻一整晚。同時間，布魯塞爾的神祕小精靈，酵母，會在月光的鼓舞之下，造訪這充滿豐富生命力的麥汁，施展神奇的魔法。早上時間一到，小精靈施法完成，便將充滿酵母菌的麥汁放入使用多年的木桶內發酵熟成，最短四至五個月，最長好幾年。釀酒師選在溫度低的秋冬春時釀酒，因為夏天野生酵母會變得難以控制。

啤酒熟成時不止有野生酵母做工，木桶內的微生物也會發揮作用，讓啤酒產生奇妙無比的風味。野生酵母啤酒隨著熟成時間增長，氣味也隨之改變：年輕如幾個月的啤酒酸度高個性尖銳；中等的較多烘烤平衡的滋味；長者如三年則有圓潤熟成的水果香氣，總稱為 Lambic。Gueze 則如同香檳混合的手法一般，混合新舊的野生啤酒調成最完美的口感，讓這瓶酒中既有年輕人的酸度，也有老年人的成熟，兼容並蓄，裝瓶後在酒窖裡待上六個月，進行瓶中發酵，就可以出廠了。由於酵母會吃新酒的糖分，一開瓶就會噴出豐富的泡沫，適合派對「歡慶愉悅」的氣氛。

那麼水果呢？野生酵母的水果啤酒同樣是將熟成了兩個月到數年的新舊啤酒混合做基底，再將水果丟入釀酒木桶裡啟動二次發酵，費時費工，最受歡迎的水果有比利時特產的酸櫻桃、覆盆子，近年更發展出葡萄、杏桃、草莓、水蜜桃等，一般加入櫻桃的野生啤酒稱作 Kriek，加入覆盆子的稱作 Framboise。水果釋放的甜度會重新給酵母能量，經過六個禮拜或更長熟成之後，櫻桃的果肉終究被洶湧的酵母給吞噬，只留下消化不了的果核。裝瓶後水果啤酒還會再經過瓶內二次發酵熟成，算算總共有三次發酵！不難想像它們的味道會有多複雜吧。

野生酵母水果啤酒由於發酵時糖分全部被酵母吃掉，口感會比 Gueze 來的更酸與乾爽，也會給予啤酒漂亮的色澤。品嘗 Cantillion 櫻桃啤酒，入口先是皺眉頭的酸味，伴隨著豐富的皮革、乳酸、濕木頭、核桃子等 Funky 奇妙滋味，籠罩一股淡淡的櫻桃香氣。如今比利時只有數家是用新鮮水果進行熟成，知名的如 Brasserie Cantillon、Hanssens Artisanaal 等。很遺憾，最傳統的製造商往往不願意多加糖，所以它們一點都不甜！他們可不會為了產量，輕易妥協成符合時代的做法。

不過這種啤酒強勁的酸味畢竟比較少人懂得欣賞，新品種加甜水果汁的野生酵母啤酒才是主流，最出名的為比利時大廠 Lindeman，用上 9 ～ 12 個月的 Lambics 為基底，就改成加糖的果汁發酵，入口有很明顯的甜味與水果口感。品牌如 Timmermans、Floris、Chapeau 都專門出產新時代的水果啤酒，深受年輕人喜愛，然而也喪失了那股皺眉頭的酸勁與皮革香。我相信只要越瞭解精釀啤酒的精神，總有一天會喜歡傳統野生酵母水果啤酒，那飄浮在比利時上空獨一無二的野生酵母，充滿生命力的味道並非能夠輕易複製。

台灣極品 · 頂尖酒款

Lindeman Kriek

酒廠：Brouwerij Lindemans　地區：Vlezenbeek

風格：Fruit Lambic　濃度：4% ABV

特色：

酒廠位在布魯塞爾十五分鐘車程外的郊區，產量雖大，但其實 Lindeman 屬於小而美的家族酒廠，近幾年才增加現代化的設備。Lindemans 直接將水果原汁與數種不同年紀的 Lambics 混和，不似傳統的 Lambics 酸氣且 Funky，豐富香甜的水果滋味深受年輕人的喜愛。Lindemans 的水果口味有覆盆子、櫻桃、水蜜桃、黑醋栗、蘋果，最受歡迎的櫻桃口味飽滿甜美的櫻桃香，常讓人有在喝果汁香檳的錯覺，但還帶了一點 Lambics 醋酸特色。Lindemans 也有以傳統手法製成櫻桃啤酒，Lindemans Curee Renee Kriek，在台灣比較少見。

Kriek Boon

酒廠：Brouwerij Boon　地區：Lembeek Belgium

風格：Fruit Lambic　濃度：6%ABV

特色：

Boon 跟 Cantillion 都是布魯塞爾少數幾間知名的 Lambics 釀酒廠，一半的股份被 Palm 集團買走，因此台灣 Pano's Café 就能 Boon 基本酒款。主人 Frank Boon 年輕時愛上手工傳統且辛苦的 Lambics 釀酒，甚至買了即將關門的傳統酒廠，直到如今依然堅守信念。Kriek Boon 為酒廠的旗艦款，加入大量來自東歐的櫻桃，在不鏽鋼桶熟成釀製，雖然不算完全的「傳統」，但還是很好喝！深紅帶紫的高雅色澤，在鼻尖就聞到櫻桃香氣，一入口飽滿的櫻桃香卻不會太甜，帶出一點微弱 Lambic 的皮革與乳酸滋味。如果到國外看到更為傳統做法的 Oude Kriek Boon，趕快入手買一瓶！

Cantillion Rose de Cambrinus

酒廠：Cantillion Brewery　地區：Province of Flemish Brabant, Belgium

風格：Fruit Lambic　濃度：5%ABV

特色：

我曾親身造訪過 Cantillion 酒廠，印象中每一款酒都非常酸且複雜，搭配販賣的手工起司非常對味，其中最受歡迎的就是覆盆子口味。雖然名稱有著"Rose"玫瑰的字眼，其實是用新鮮的覆盆子水果熟成釀造的 Fruit Lambic。酒標是一位裸體的女子坐在紳士身上的水彩畫，性感的姿態逗得人心花怒放。這款啤酒倒出來呈現洋蔥皮般的棕色，氣泡非常急躁，入口衝上一陣覆盆子與玫瑰的粉紅水果酸氣，接著有熟成起司、土壤與香草豆等的複雜滋味，口感乾爽俐落，令人難以捉摸。而一位性感的女人不正是應該如此？ Cantillon 在台灣還有 Gueze、水蜜桃、酸葡萄等口味，皆用傳統方式製造，因酒廠小量生產，很容易缺貨。

Timmermans Peche Lambic

酒廠：Brouwerij Timmermans–John Martin N.V.　地區：Lembeek Belgium

風格：Fruit Lambic　濃度：4%ABV

特色：

Timmermans 位置在首都布魯賽爾附近，1702 年就開始在 Payottenland 區釀酒，保留了一間受到訪客喜愛的傳統酒廠。跟 Lindemans 相同，Timmermans 的水果啤酒用上甜味果汁與 Lambics 混合，目前台灣能看到草莓、水蜜桃，與一般的白啤酒。這款水蜜桃啤酒聞起來就像水蜜桃糖果，並有漂亮的水蜜桃橘色，口感也是濃濃的水蜜桃甜味，適合給一般不太喝啤酒的人。

其它推薦：

Mort Subite 酒廠，Mort Subite Gueze，4.5% 、Bocker 酒廠，Jacobins Kriek Max 櫻桃，4.0% 、Chapeau 酒廠，Framboise Lambic 覆盆子，3.5%

國外必飲 · 傳奇酒款

Hanssens Oude Gueuze

酒廠：Hanssens of Dworp　地區：Dworp Belgium

風格：Fruit Lambic　濃度：6%ABV

特色：

從前 Lambics 進行混釀都會到專門的混釀廠，而 Hanssens 則是少數保留至今的混釀廠。Hanssens 從別家酒廠買來 Lambic 麥汁後，自家進行發酵，成熟，裝桶等，而混釀比例的調配正如 Whisky 般是一門深厚的學問。這款 Gueuze 有著一貫的複雜香氣，尾韻的果酸香極為明顯，在 BeerAdvocate 的網站上得到 A+ 的滿分評論。

其他推薦：

Drie Fonteinen 酒廠，Drie Fonteinen Oude Kriek，6.00%、Oud Beersel 酒廠，Oude Kriek Vieille，6.5% 、Girardin 酒廠，Girardub Gueuze 1882（黑標），5.00%

水果啤酒
小麥與水果的典雅合奏

一般水果啤酒多以小麥啤酒為基底加入果汁，採愛爾上層發酵，因為小麥往往帶果酸，和水果滋味相輔相成……

今年夏天台啤都首次推出水果啤酒，共有鳳梨、芒果兩種台灣水果口味，銷售熱烈。這啤酒跟野生酵母菌可沾不上邊，總體而言，任何跟水果有關聯的啤酒，都稱作水果啤酒，無論用上真的水果、果汁或者糖漿。一般水果啤酒以愛爾上層發酵為主，且常喜歡以小麥啤酒為基底加入果汁發酵，因為小麥往往帶果酸，跟水果滋味相輔相成。不過也有比利時酒商拿它們濃烈的棕愛爾，混合櫻桃一起發酵熟成，讓啤酒既有麥芽的厚度，又保有水果的香氣。我個人推薦以下高濃度的水果啤酒，釀的好，水果啤酒不會只是果汁，而是完美愉悅的合奏曲。

台灣極品・頂尖酒款

北台灣荔枝啤酒

酒廠：北台灣釀酒廠　地區：台灣新店

風格：Fruit Beer　　濃度：4%ABV

特色：

北台灣的歷史先前在前篇溫先生已介紹過，堅守小型酒廠的精神，釀酒師阿傑也常活躍於啤酒聚會，替大家分析講解啤酒。這款水果啤酒並非走比立時風格的野生酵母風格，而是以自家的小麥啤酒為基底，再加入台灣荔枝汁，於釀造時一起發酵，為最能代表台灣的水果啤酒之一。據說，夏天時釀酒廠光是釀製這款啤酒就忙得焦頭爛額，過於熱銷因此常常停產。這款啤酒口感溫和偏甜，有著飽滿迷人的荔枝香氣，尾韻清爽，尤其受到台灣女孩子的歡迎。北台灣另外還釀製鳳梨與哈密瓜口味，市場上也頗受歡迎。

Kasteel Rouge

酒廠：Brouwerij Van Honsenbrouck N.V.　地區：West Flanders

風格：Fruit Beer　濃度：8%ABV

特色：

城堡酒廠最出名的酒是高達 8%的棕愛爾，如果喝不習慣，也可以試試用棕愛爾作基酒的櫻桃水果啤酒，城堡紅。這款啤酒近期在台灣賣到缺貨，喝過的人很難不喜歡上它。將 Kasteel 的棕啤酒放入酸櫻桃熟成至少六個月以上，顏色呈現高貴的深紅黑色，鼻尖就聞到櫻桃汁與麥芽的香氣。一入口，有點像濃厚酸梅汁的尾韻加了黑棗與麥芽的甜味，酒精感不明顯，不知不覺就醉倒了！這款酒無論是當甜點，或者配烤 BBQ 吃都很對胃。

Samuel Smith's Organic Strawberry Fruit Beer

酒廠：Samuel Smith Old Brewery　地區：United Kingdom

風格：Fruit Beer　濃度：5.2%ABV

特色：

Samuel Smith 酒廠的歷史稍候章節會提到。這款有機啤酒在以出產水果出名的 Stamford 小鎮的釀酒廠釀製後，再搬到 Samuel Smith 位在 Tedcaster 的酒廠熟成裝瓶。這款甜美的啤酒一開瓶就散發出濃濃的草莓風情，就連泡沫都染上如棉花糖般的粉紅色。淡淡的成熟草莓香甜味中，參雜著麥香與啤酒花的苦味，就像在吃一塊草莓蛋糕一般，可愛俏皮，聚會時肯定讓人愛不釋手，台灣也有進口同系列的覆盆子啤酒。

Peche Mel Bush

酒廠：Dubuisson　地區：Flanders East, Belgium

風格：Fruit Beer　濃度：8.5%ABV

特色：

Bush 酒廠一向以生產超高濃度的淡愛爾出名，基本款 Bush Ambree 就有驚人的 12%，就連可愛的水蜜桃啤酒也達到 8.5%，被不少酒友認為好喝又有個性。2009 年才上市，最早是以「啤酒雞尾酒」為發想，以 Bush Ambree 混上天然水蜜桃液，水蜜桃的甜美果味與 Bush 啤酒花苦氣平衡，保有了 Bush 的渾厚與淡雅香料味，尾勁有微微酒精感。如果怕喝酒精濃度太高的 Bush Ambree，可以先從這瓶下手！

Delirium Red

酒廠：Brouwerij Huyghe　地區：Flanders East, Belgium

風格：Fruit Beer　濃度：8.5%ABV

特色：

相信你一定對瓶身上有可愛粉紅大象的酒款印象深刻，Huyghe 酒廠近年旗下出品了不少品牌，但最出名的還是它的 Delirium 迷幻系列，包括世界第一的金愛爾，Delirium Tremens。這款 Delirium 系列的水果啤酒跟城堡紅類似，加入櫻桃在棕愛爾內熟成，顏色偏紅，帶出櫻桃酸與櫻桃糖果般的甜美氣息，同樣推薦。

其它推薦：

Silly 酒 廠，Pink Killer，5%、Huyghe 酒 廠，Mongozo Banana，4.5%、Floris 酒 廠，Floris Apple，3.6%，Dogfish Hea酒廠，Fort覆盆子啤酒，18%，21Amendment酒廠，Hell or High Watermelon Wheat Beer，4.9%，La Choulette 酒　廠，La Choulette Framboise，6.0%，New Glarus Brewing Company 酒　廠，New Glarus Rasberry Tart，4%

幻想你活在古歐洲，如果手邊有一袋小麥，會選擇做麵包還是釀啤酒？何不學學德國人，將小麥啤酒當成早餐，作「液體麵包」，一來醉得舒服，又有充足的營養。小麥啤酒的釀造歷史悠久，從德國到比利時都有專屬的小麥啤酒配方，訴說著當地的風俗民情與傳說故事。

Hefeweizen
小麥啤酒

Ayinger

巴伐利亞風格
當香蕉和啤酒在一起

如果跟著不熟悉啤酒的友人一同到了啤酒館，我百分之百會推薦朋友點德國小麥啤酒，事實證明，沒有人不喜歡那個豐富的香蕉與丁香滋味……

走在德國大城慕尼黑（Munich）的廣場，人潮熙來攘往，沿途都是掛著酒廠招牌的酒館標誌，有Spaten、Augustiner、Franziskaner等，看了讓人嘴巴逐漸感到乾渴。一坐入戶外的啤酒花園，穿著德國傳統圍裙的女服務生迅速走向前來，飛快一連說了三個字「黑（Dunkel），白（Weiss），還是金黃（Helles）？」，簡短的問話令人印象深刻。這章要談得就是其中的「白」（Weiss），小麥啤酒。其中又以巴伐利亞風格的小麥酵母啤酒（Hefeweizen）最具代表，也是當今世界上最流行的小麥啤酒之一。Hefe意指酵母，Weisen為小麥，意指不過濾酵母的小麥啤酒，「白」（Weiss）指的則是濃厚的白色泡沫。巴伐利亞位在德國的東南部，一直是德國最富裕的區域之一，直到1871年前自立為國，也讓巴伐利亞人至今都有種抹不去的驕傲感，當地王室Wittlesbachs更曾被喻為歐州最有權利的王室之一。拿小麥去釀製啤酒的紀錄，最早在西元前巴比倫時代便有記載，接著從捷克流傳到德國南部，最後成為Wittelsbachs王室的營利工具之一，在德國風靡一時，家家戶戶都流行喝小麥啤酒，也替皇室賺進了不少銀兩。最早期的德國皇室「只准州官放火，不許百姓點燈」，只有皇室才有資格釀造小麥啤酒。十九世紀期間小麥啤酒逐漸式微，皇室開始開放極少數釀酒廠釀造權，1834年才由老百姓 Greg Schineder 首先「出草」打破傳統，讓小麥啤酒的釀造權利正式開放給大眾。之後經歷過很長一段乏人問津的低潮期，小麥啤酒終於這三十年間又重新流行。時至今日，大多德國酒廠都出產美味的小麥啤酒，特殊的香蕉與丁香味又重新贏得了應有的尊重。

德國酵母小麥啤酒的原料為 50% 以上的小麥芽，其餘為大麥芽，是在以拉格為主的德國啤酒風格中，少數上層發酵的愛爾啤酒之一（另外還有 Kolsch、Altbier）。由於酵母不過濾，讓酒體像飄散黃泥土般混濁，但也帶出獨特的酵母香，想像一下剛出爐新鮮麵包的香氣就對了。小麥啤酒的酵母同時會製造出香蕉、丁香、口香糖般的味道。泡沫有如大片的蕾絲群般沾住了啤酒杯，一聞，味道正如一根熟成後的香蕉擺在眼前，令人垂涎欲滴，絲毫不具侵犯性。

近代德國小麥啤酒也發展出其他變種，如過濾酵母的「水晶小麥啤酒」，首都柏林也發展出另外一種型態的小麥啤酒，叫做 Beliner Weisse。這款啤酒採用「開放發酵槽」，加入引發酸口感的乳酸菌（Acetic acid），滋味較一般更為尖銳酸香。柏林人喜歡多加入櫻桃果醬或者綠色果醬，讓啤酒搖身一變成了雞尾酒。另外釀酒師也會將深色大麥混入小麥同釀，就成了有炭烤滋味的黑小麥啤酒，Dunkel-Weizen，多了焦糖味，讓嫌棄小麥啤酒太過「女性化」的男生有了認同感。

正因為小麥啤酒的親近感，每次帶朋友到德國啤酒餐廳，一定會幫女孩子們點 Hefeweizen，其清新圓潤，濃郁果味與逼真的香蕉口感總能贏得 lady's 們的熱愛，屢試不爽，幾乎沒有一次是失敗的，下次你也來試試看！

台灣極品 · 頂尖酒款

Ayinger Brau-Weisse

酒廠：Ayinger Brauerei Inselkammer　地區：Aying, Germany

風格：Hefeweizen　濃度：5.1%ABV

特色：

Aying 就位在慕尼黑不遠的南方，風景優美，酒廠咖啡廳照片裡的服務生穿著傳統服飾端著豬腳，邊吃邊喝啤酒，氣氛悠閒。酒廠 Ayinger 的品質在德國排名前幾名，不止已美味的 Lager 出名，旗下兩款小麥啤酒也是許多酒評家的最愛。Ayinger Brau-Weisse 的氣泡細膩清爽，有著德國啤酒少見的優雅尾韻，明顯帶出豐厚的香蕉、蘋果與些許橘子香氣，輕微的苦味襯托出麥芽與水果的香甜，在眾多啤酒網站上都得到極高評價。

Konig Ludwig Hefeweizen

酒廠：Kaltenberg International/Konig Ludwig International GmbH & Co.KG

地區：Furstenfeldbruck, Germany　風格：Hefeweizen

濃度：5.5% ABV

特色：

Konig Ludwig 是德國最受歡迎的啤酒廠之一。釀酒廠 Kaltenberg 的主人為 16 世紀時頒布純酒令的皇室家族 Wittlesbach 後裔，比起 HB 顯得更加血統純正。Wittlesbach 家族統治巴伐利亞州長達七個世紀，如今雖失去政治光環，對釀酒的熱情與影響力卻不曾改變。旗下酒款的 Hefeweizen 酒體中等，香蕉味較不突出，反而是檸檬香、蘋果的芳香果味，淡雅無比。

Erdinger Weissbrau

酒廠：Erdinger Weissbrau　地區：Erding, Germany

風格：Hefeweizen　濃度：5.3% ABV

特色：

Erdinger 位慕尼黑東北邊的城市 Erding，歷史從 1886 年算起，如今成為全球最大的小麥啤酒製造廠，在台灣不少咖啡廳都可見其蹤影。這款小麥啤酒口感中等飽滿，但味覺上比較像「小麥愛爾」，因為香蕉與丁香味的存在不明顯，相對淡雅許多。口感跟另外一款很受歡迎的法國可倫堡 1664 白啤酒比較類似，果香柔和，都很適合搭配菜餚。

Paulaner Hefe-Weizen

酒廠：Paulaner Brauerei GmbH & Co. KG　地區：Munchen, Germany

風格：Hefeweizen　濃度：5.5%ABV

特色：

台灣的 Paulaner 釀酒餐廳講求的是新鮮，但德國進口的瓶裝風格更傳統地道，口感大不相同。Paulaner 歷史悠久，最早由一群來自義大利的僧侶在 Pauline 定居釀酒，如今近一半股份被 Heineken 大公司收購。這款 Hefeweizen 來自慕尼黑，顏色偏深棕色，令人印象最深刻的為其濃密巨大的泡沫，果香與酸味的口感均衡，標準的香蕉與丁香味中帶出一絲焦糖味，且苦味相較之下較為明顯。慕尼黑另外大廠，Hacker-Pschorr 也用 Paulaner 德國酒廠釀酒，配方與酵母皆不同，台灣也能買到 Hacker-Pschorr 的小麥啤酒。

Franziskaner Hefeweizen

酒廠：Spaten-Franziskaner-Brau　地區：Munchen, Germany

風格：Hefeweizen　濃度：5.0%ABV

特色：

Franziskaner 瓶上的憎侶說明了品質保證，在慕尼黑大馬路旁就能見到販賣 Frankiskaner 啤酒的酒館，非常受歡迎，目前被慕尼黑另外一間大廠 Spaten 收購。旗下的 Hefeweizen 的泡沫非常綿密厚實，視覺上就賞心悅目。除了有香蕉、麵包、丁香等香氣，還有迷人的啤酒花苦味保持住平衡，讓它成了一款耐人尋味的德式酵母小麥啤酒，常讓人一喝就停不下來。台灣由子毅進口，超市比較少見，少數酒吧如 Siris 有販賣這款啤酒。

Maisels Weisse Kristall

酒廠：Brauerei Gabruder Maiser GmbH & Co.　地區：Bayreuth, Germany

風格：Kristal Weizen　濃度：5.1%ABV

特色：

Maisels Weisse 系列專門以小麥啤酒為主力，Krystal 又是清澈之意，過濾酵母後的 Kristal Weizen 少了酵母味，滋味清澈，也讓水果香味較突出，如蘋果、李子等，但 Hefeweizen 原本的豐潤感也會減少。Maisel's Weisse Kristallklar 帶閃亮的金黃色澤，氣泡細膩豐富，入口有新鮮的麵包味與果香，尾段浮現清脆的苦味，印象介於小麥啤酒與皮爾斯中間。Maisels 旗下也有其他口味小麥酒，如原味酵母、小麥黑、小麥金等，甚合搭配菜色飲用。

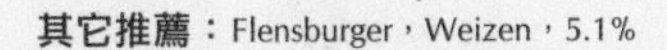

其它推薦：Flensburger，Weizen，5.1%

Rieder Weisse

酒廠：Brauerei Ried　地區：Austria

風格：German Hefeweizen

濃度：5.0%ABV

特色：

這款啤酒曾得到德國農業局 D.L.G.，連續三年小麥啤酒金牌的佳績。出產啤酒花的 Ried 區原隸屬於巴伐利亞，1779 年才割給奧地利，當地文化跟巴伐利亞有分不開的濃厚感情。釀酒廠歷史從 1536 年就開始，以釀造巴伐利亞啤酒風格為主，這款小麥啤酒的泡沫豐沛，氣泡感細膩，鼻尖能聞到丁香與泡泡糖的香氣。一入口，小麥酒的丁香氣息衝滿嘴，配合著檸檬酸與適量豐厚的麥芽甜味，尾勁滿嘴的豐厚丁香滋味，整體表現傑出！

Licher Weizen

酒廠：Licher　地區：Liche, Germany

風格：German Hefeweizen

濃度：5.4% ABV

特色：

Licher 跟 BitBurger 來自同一個集團，不算是頂尖，但表現中規中矩的小麥啤酒。這款小麥啤酒顏色混濁偏黃紅，鼻尖傳來標準的香蕉與丁香味，一入口先是小麥的甜味，接著湧出以丁香香料味，香蕉味與小麥的酸甜味彼此平衡著，簡單的尾韻，平凡卻滿足。

國外必飲 · 傳奇酒款

Schneider Weisse

酒廠：G. Schneider & Sohn　地區：Kelheim, Germany

風格：Hefeweizen　濃度：5.1%ABV

特色：

Greg Schneider 是讓王室放棄專屬釀製小麥啤酒權力的時代王者，酒廠即使在小麥啤酒逐漸式微下，依然堅持以釀製小麥啤酒為主力，苦撐多年，終於在 1960 年代銷售起飛。這款正宗的 Schneider Weiss 的顏色比一般小麥啤酒深，呈現帶紅偏棕色，除了標準的丁香與香蕉氣息，還多了焦糖與煙燻的味覺。有一次小麥啤酒聚會中，豐富的滋味更是大家公認的最愛酒款。Schneider 近年也推出多種變形款，如加強啤酒花的小麥 IPA、有機材料的小麥啤酒等，在日本東京的目白田中屋都有販賣！

Weihenstephaner HefeWeissbier

酒廠：Bayerische Staatsbrauerei Weihenstephan　地區：Freising, Germany

風格：Hefeweizen　濃度：5.1%ABV

特色：

德國 Weihenstephaner 的啤酒品質受到一致公認，其小麥啤酒更常被認定為世界第一，在國外遇到了請別猶豫入手。Weihenstephaner 宣稱自己是世界上最老的釀酒廠，不僅是國營企業，該酒廠更與慕尼黑工業大學結盟，提供世界級的釀酒工程，專門培育優秀的釀酒師。其小麥啤酒的口感扎實均衡，倒出來偏棕色，豐富的氣泡像快從杯身一躍而出，伴隨著適中的香蕉、丁香、檸檬酸、新鮮穀粒，活力十足，並有一點焦糖糖漿的韻味，漂亮的均衡感讓人想要一喝再喝。這款酒在 BA 網站上獲得 100 分的評價，實至名歸。

其他推薦：Pinkus Muleler 酒廠，Pinkis Mueller Hefe Weizen, 5.1%

比利時白啤酒
香料與小麥的雙重奏

比利時白啤酒跟德國小麥最大的差別，在於多了柑橘酸與豐富的香料口感，有橘皮、丁香、萎荽子等滋味，啤酒花苦度更低，對女生而言更添吸引力……

還記得第一次讀到 Witbier，將 Wit 都誤認為是 Wheat 小麥，其實這是比利時的「白」字。Witbier 又稱為白啤酒，比利時白啤酒從中古時代就開始釀製，最出名的又屬 Flemish 區域的豪格登小鎮（Hoegaarden），這款就連 7-11 都有在賣的知名品牌，相信大家都不陌生。但你知道嗎？六十年前這種美味的小麥啤酒一度從市面上絕跡，逾半個世紀後才重新受到喜愛。九〇年代中期受到戰爭與口味變化的影響，白啤酒不再受到歡迎。1950 年豪格登當地最後一間小麥啤酒廠 Tomsin 宣布關門大吉，小鎮隨之落沒。然而所謂的時勢造英雄，昔日在啤酒廠打工的 Celis Pierre 決定讓白啤酒風格起死回生，憑著印象中的配方創辦 De Kluis 酒廠，並將白啤酒以城鎮命名為 Hoegaarden。

多年後雖然酒廠易主給 Ab-Inbev，Celis 也輾轉開創幾間酒廠，之後滿頭白髮的 Celis 還會不定期的出現在啤酒聚會上，甚為佳話，可惜他於 2011 年離開人世。比利時白啤酒跟德國小麥最大的差別，在於多了柑橘酸與豐富的香料口感，有橘皮、丁香、萎荽子等滋味，啤酒花苦度更低，讓比利時白啤酒對於女生來說更添吸引力。釀造原料上跟德國小麥也有差別，相對於德國在大麥芽外加入小麥芽，比利時則以未發芽小麥取代小麥芽，另外也添加了橘皮、萎荽多種香料，釀造上難度更高，不少比利時酒廠更以不肯公開的「香料秘密」為傲。傳統 Witbier 主張瓶中二次發酵，裝瓶時加入活酵母和糖後，倒入杯中透著土黃色渾濁的顏色，泡沫濃郁厚實，飽含豐富的蛋白質。酒精濃度通常不超過 5%，酒體輕爽，並帶出柑橘檸檬般的酸味與香料滋味，宛如一陣清新的風飄過味舌尖。美國人與一些荷蘭酒吧尤其喜歡在 Witbier 上加入一片新鮮檸檬，帶出更多的酸香，在炎陽高照之日飲上一杯想必極為痛快！

台灣極品 · 頂尖酒款

Blanche des Honnelles

酒廠：Brasserie de l'Abbaye des Roc　地區：Watou, Belgium

風格：Witbier　濃度：6.0%ABV

特色：

Brasserie de l'Abbaye des Roc 位在比利時靠近法國邊境的 Hainaut 區，是近幾年很成功的微型酒廠，產量不多，女主人 Nathalie Eloir 很巧妙運用各種香料，旗下酒款都深受好評。她的小麥啤酒就是被不少台灣酒鬼認為「最好喝的一款小麥啤酒」，濃度比一般小麥啤酒高，多了烘烤味與白胡椒的味道，口感也更乾爽濃郁。

Hoegaarden

酒廠：De Kluis Brewery　地區：Hoegaarden, Belgium

風格：Belgian Wheat Beer 濃度：5.0%ABV

特色：

最早由 Celis 先生所創辦的品牌 Hoegaarden，讓一度式微的比利時小麥啤酒死而復生，然而經歷過火災事件和財物問題後，在 1980 年代被大廠 Interbrew 購買，現今為 Ab-Inbev。美國的 Michigan 酒廠則以“Celis White”之名推出小麥啤酒，在台灣也喝的到。Hoegaarden 白啤酒順利的推向全世界，成為能見度最高的小麥啤酒，可惜現在的版本已比早期清淡。Hoegaarden 的碳酸氣泡高，酒體清爽帶微酸，並帶著淡淡的香料滋味，解渴迷人，比一般傳統比利時白啤酒的滋味更清薄。

St. Bernardus Witbier

酒廠：St. Bernardus　地區：Watou, Belgium

風格：Witbier　濃度：5.5%ABV

特色：

St. Bernardus 位在比利時最西邊 Watou 區，因早期幫神祕的修道院 Westvleteran 釀酒，知名度比許多酒廠更高。St. Bernardus 不只出產美味的修道院系列啤酒，同時也有美味的白啤酒，酒瓶上那位和善僧侶的笑臉吸引不少人點選，口感也很不錯。這款白啤酒的釀酒譜是由白啤酒教父 Pierre Celis 創造，照著當年的配方釀，聞起來有荽荽子與檸檬的香氣，入口能嘗出飽滿的比利時香料味，口感中等，讓人遙想當年 Hoegaarden 全盛時期的優雅風範。

Blanche de Namur

酒廠：Brasserie du Bocq　地區：Yvoir-Purnode, Belgium

風格：Belgian Wheat Beer 濃度：4.5%ABV

特色：

Blanche de Narmus 跟知名的 Gauloise 來自同一個族酒廠 du Bocq，目前已經傳至第六代。Du Bocq 也是一間備受爭議的酒廠，據傳旗下的八款啤酒，被拿來套成 80 種啤酒，無論如何，它的小麥啤酒是一款很好喝的小麥啤酒，這款啤酒柑橘的酸味非常明顯，飄散出帶出橘皮、荽荽子的香氣，直到尾段酸味還持續，並帶出宜人的微苦。我曾在日本知名的比利時啤酒餐廳 Bois Cerest 品嘗過，這也是老闆最推薦的一款白啤酒。

La Trappe Witte

酒廠：Koningshoeven Brewery　地區：Berkel-Enschot, Netherlands

風格：Belgian Wheat Beer 濃度：5.5%ABV

特色：

La Trappe 這款小麥啤酒為世界唯一得到「正統修道院認證」“Authentic Trappist Product”的白啤酒。20 世紀中期開始在修道院裡釀造，最早只出產於夏天季節，功用在於解渴，2003 年才正式推出瓶裝販賣。這款白啤酒的酒體中等，厚實的橘皮與荽荽子氣息十分明顯，彷如置身比利時一般的純正。

其它推薦：

Brouwerij Van Eecke 酒廠，Watour Wit，5.00%、Brasserie de Silly 酒廠，Titje Blanche，4.7 %、Brouwerij Huyghe 酒廠，Blanche Des Neiges，5.00%

國外必飲 · 傳奇酒款

Hitachino Nest White

酒廠：Kiuchi Brewery　地區：Japan

風格：Belgian Wheat Beer　濃度：5.5%ABV

特色：

Hitachino 是這幾年在美國打出名號日本精釀酒廠，前幾年微風有進口這款美味的啤酒，可惜進口商後繼無人，現在得親自飛日本才買的到。Kiuchi Brewery 最早是專門釀造清酒的釀酒廠，到 1996 年才開始啤酒釀造。這款白啤酒曾得到日本啤酒盃的金牌，釀出了比利時白啤酒的精神，有著乾燥橘皮、萎蒌與薑皮的香氣，口感清脆卻飽滿有深度，保持了優美的平衡感，美味不輸給比利時當地的白啤酒。

Blanche de Chambly

酒廠：Unibroue 酒廠　地區：Quebec, Canada

風格：Witbier　濃度：5.00%

特色：

Unibroue 是近年來備受好評的精釀酒廠，主要釀造比利時風格啤酒，在母國加拿大尤其受到歡迎，連加油站都有賣它們全系列的啤酒。Unibroue 已經在世界啤酒大賽拿下七座獎項，它們的小麥啤酒，Blanche de Chambly，在香味上飄出奇妙的香料味如杏桃與養樂多，一入口，浮現香料與檸檬、柑橘等的清爽美味，像舒伯特的小品樂曲般，很適合在夏日的夜晚享用。

Blanache de Bruxelles

酒廠：Brasserie Lefebvre　地區：Wallonian Brabant

風格：Belgian Wheat Beer　濃度：4.5%ABV

特色：

Lefebvre 酒廠在 1876 年成立，經歷第一、二次世界大戰的戰火摧殘，至今屹立不搖，並且擁有比利時最頂尖的釀酒效率。這款白啤酒瓶身上的尿尿小童可愛搶眼，酒色為蒼白的黃色，香氣飄出標準的橘子與一點荽荽香，入口清爽美味，中等酒體有著迷人的果酸如檸檬、橘子，甚至帶點鳳梨香氣，尾勁有些藥草的啤酒花香，增加複雜度，乾爽的尾韻繚繞不已。我最早在美國喝到這款啤酒，一喝完馬上買了有尿尿小童的啤酒杯回家，實在太可愛了，台灣也有進口旗下的水果啤酒。

Dieu du Ciel Blanche du Paradis

酒廠：Dieu du Ciel　地區：Montreal, Canada

風格：Belgian Wheat Beer　濃度：5.0%ABV

特色：

加拿大酒廠 Dieu du Ciel 一向釀造多元實驗性的啤酒，被公認加拿大第一名的精釀酒廠。釀酒師 Luc 的女朋友是日本人，所以也對亞洲人態度特別親切，預定 2013 年在日本開設酒廠。這款小麥啤酒中未發芽的小麥幾乎跟大麥芽一樣多，聞起來充斥著新鮮麵包的香氣，入口充滿了小麥、稻草、橘皮等香氣，柑橘味尤其明顯，並有奶油般的油滑口感，我在酒吧時喝到未過濾的生啤酒更是美味，知名網站 RateBeer 也給予 93 分的高評價。

小麥愛爾
清新風格・炎夏精釀

此風格的小麥啤酒專門在夏天出廠，因其酸度很適合在炎炎夏日飲上一杯解渴……

除了傳統的比利時與德國風格，有另外一種小麥啤酒不採用上述兩種的酵母，單純用傳統或其他愛爾酵母（Ale）釀造，廣義上風格稱之為“Wheat Ale”（小麥愛爾）。小麥愛爾在新興市場如美國、日本等地都很流行，概念最早是由西雅圖的 Pyramid 酒廠開始。如此的小麥啤酒專門在夏天出廠，因小麥產生的酸度很符合炎炎夏日飲上一杯解渴。台灣的精釀廠，北台灣麥酒廠旗下的白啤酒也是屬於小麥愛爾的一種，美味甚至遠播到新加坡。

台灣極品 · 頂尖酒款

北台灣白啤酒

酒廠：北台灣麥酒廠　地區：台灣桃園縣

風格：Wheat Ale　濃度：5.0%ABV

特色：

北台灣為台灣第一家裝瓶的啤酒廠，如今還十分活躍，甚至出口啤酒到新加坡，堪稱啤酒界的「台灣之光」。這款白啤酒的風格界限為小麥愛爾，創出獨一無二的「台灣小麥啤酒」。主人溫先生用上德國大麥芽搭配小麥芽，與捷克 SAAZ 啤酒花，酵母則為修道院的上層發酵愛爾酵母，再保留酵母予以瓶中二次發酵。一倒出，顏色偏黃褐色，泡沫不算多，呈現中等飽滿的口感，香氣有濃郁的香蕉熟味，酒體果酸中有些許香蕉、水果果香，與奶油般滋味，喝完後瓶中還殘存著活酵母，口感像混血兒般獨樹一格。

到英國參觀你會去哪裡？可別忘了到酒吧喝上一杯地道的木桶愛爾 (Cask Ale)，感受英國人引以為豪的酒吧文化。英國是世界上最有名的釀酒國度之一，素以上層發酵的愛爾為傲，從清爽的 Bitter、Mild、Porter，到飽滿的 IPA、Barley Wine 等，都不失飽滿的果香與麥甜味，溫潤滑順，猶如一貫有品味的英國佬。

Cask Ale
英國愛爾啤酒

淡愛爾 × 苦啤酒
一嘗木桶熟成的溫醇

入口不刺激的豐厚感，與帶著核桃香氣的麥芽甜味撫摸著舌尖，溫潤迷人的美味令人難忘……

酒吧對於英國人來說，往往是裝載著喜怒哀樂，分享生活大小事的交際客廳。自 17 世紀開始營業的 Princess Louise Tavern，就傳承了倫敦人好幾世代的回憶。位於熙來攘往的倫敦街道，其破舊外表比不上一旁有著落地窗的時髦餐廳，推開門， 狹長的走道，磚瓦染上中東色彩，彩色雕花的玻璃窗更透露著幾許老味道，盡是二次世界大戰後修補的痕跡。下午不到兩點，吧檯邊一位滿頭白髮的外國中年人攤開報紙閱讀著，手邊一杯淺咖啡色的木桶熟成啤酒，有意無意的跟酒保閒聊。在這裡，無論隻身前來，或者連續喝上好幾杯，都不會引起任何注意，彷彿成了故事中的一部份。

這樣生活化的場景正是英國酒吧的寫照之一，如果看到吧檯前的多種生啤酒不知從何喝起，就先點上一杯傳統的木桶熟成啤酒（Cask Conditioned Ale）吧！這種生啤又簡稱為 Cask Ale（木桶愛爾）或 Real Ale（真愛爾），泛指將發酵後的愛爾不經過熟成直接放入木桶，不過濾，不殺菌，不多添加二氧化碳，有時裝桶前會加入糖或啤酒花，讓木桶產生天然的二氧化碳。運到酒吧後，由酒保（Cellarman）決定熟成與開桶時間，保存期限則依酒精濃度而定，通常只有3到7天。如今大部份的木桶已改成不鏽鋼桶，不變的是木桶啤酒特殊設計的拉吧 Beer Engine。相對於一般冷冰冰的啤酒，Real Ale 適飲的溫度在13到15度之間，因此很多人誤解「英國啤酒是溫的」，其實就是喝到木桶愛爾的關係。

木桶愛爾裡最常見的啤酒風格為"English Bitter"「英國苦啤酒」，簡稱為 Bitter，因與19世紀中流行的Mild（柔啤酒）相較下偏苦得名。簡單來說，Bitter 就是 Pale Ale 淡愛爾，最早因波頓地區（Burton upon Trent）釀造的印度淡愛爾（IPA）大受好評，隨著鐵路開通後流行到英國各鄉鎮，降低麥汁濃度與啤酒花成分，即為 Pale Ale（淡愛爾）。Bitter 以淡色與鮮明的苦味聞名，然而第一次世界大戰前後，因英國政府鼓勵「低酒精濃度」，啤酒濃度普遍淡了近25%，延續至今。現今 Bitter 顏色從金黃、琥珀到深紅色皆有，酒精濃度約3.5%上下，高一點4%多則稱 Best Bitter，到5%以上則為 Special Bitter。傳統的酒商會用英國產帶有明顯麥香味的"Maris Otter"麥芽與英國生產的啤酒花 Fuggles 或 Kent Golding，飄散出濃濃的英倫氣息。

英國淡愛爾是真正到20世紀中後才取代 Mild，成為國民啤酒，再此之前因價格偏高，多是中產或上層階級喝的啤酒。淡愛爾看似變化不多，其實具有強烈的地方特色。波頓區因水質與特殊釀造方式（波頓聯合系統）釀出苦味且果味飽滿分明的 Bitter。英國西北方的 Bitter 顏色很淡且有著刺嘴的苦味；英國中

Samuel Smith's
OLD BREWERY BITTER
OAK CASK
OLD BREWERY BITTER
OAK CASK

部的 Bitter 通常偏甜；啤酒花種植區域 Kent 則有濃郁的啤酒花味。所以到英國各鄉鎮首先要點一杯淡愛爾，感受各地特色。

記得我第一次品嘗 Bitter 的感受，總覺得滋味不夠豐厚，不夠過癮；漸漸的，隨著品味的增長，才逐漸愛上英國淡愛爾雋永的果香溫潤感，我也點了一杯木桶熟成啤酒，入口不刺激的豐厚感，與帶著核桃香氣的麥芽甜味撫摸著舌尖，溫潤迷人的美味令人難忘。一如拜訪老朋友般耐人尋味。倫敦人對於酒吧無以言狀的喜愛，也許就跟這一杯讓人毫無壓力的的 Bitter 有著絕對的關連吧。

難以想像的是，英國酒吧的啤酒種類曾經只剩幾款大品牌與酒精濃度低的啤酒，傳統的木桶熟成 Bitter 一度從酒吧內消失。大型啤酒商嫌它保存期限過短，成本上是很大的負擔，還不如過濾乾淨後的啤酒簡單。1971 年由幾位啤酒愛好者組成的 CAMRA，全名為 Campaign for Real Ale，喚起了民眾對木桶熟成啤酒的美好記憶，透過 CAMRA 的努力，曾經消逝的風格再度受到重視，如今英國大多酒吧內都有至少一款的木桶熟成 Bitter。Bitter 或 Pale Ale 的果香與焦糖甜味特別適合搭配牛排、烤肉、烤雞等，基本上是百搭啤酒。另外它的清爽感與微苦味也顯得平易近人，任何三明治、義大利麵也能輕易的跟它做朋友。

台灣極品．頂尖酒款

Abbot Ale

酒廠：Greene King/Morland Brewery　地區：Edmunds Suffolk, United Kingdom

風格：English Pale Ale　濃度：5.0%ABV

特色：

Bury St. Edmunds 這座城鎮素來跟啤酒有很深的關係，當地修道院很早就在 Greene King 廠址釀造啤酒。這裡不只是英國麥芽大產區，更是英國酒商 Greene King 的本營，當地有超過一千家 Greene King 的直營酒吧。Greene 歷史從 1799 年起，如今為英國最大的愛爾製造商。Abbot Ale 是 Greene King 的旗艦酒款，標準的英國淡愛爾風味，香味有典型的餅乾香、乾橘、稻草的香味，倒出來帶出蜂蜜的色澤。大量的甜味很快被帶大地滋味的苦氣給均衡，是一款表現稱職的英國淡愛爾。

Old Speckling Hen

酒廠：Greene King/Morland Brewery

地區：Edmunds Suffolk, United Kingdom

風格：English Pale Ale　濃度：5.2%ABV

特色：

Morland 酒廠在 Oxfordf 區域釀酒已經超過了三百多年，幾年前由 Greene King 將酒廠買下。Morland 最有名的就是它連續用了超過 190 年的酵母，釋放出獨特的果香味。這款啤酒仿照木桶熟成啤酒的溫和口感，罐裝中加入氮氣球，倒出時會流出非常豐富細膩的泡沫，需要等一陣子讓泡沫沈穩了再喝。適飲溫度宜 12 ～ 15 度。濃郁的麥芽甜味散開在嘴間，入口帶點柑橘、杏桃般的甜果味，啤酒花香鮮明且帶草藥味，尾勁沈穩且優雅。

Fuller's London Pride

酒廠：Fuller Smith & Turner PLC　地區：London, United Kingdom

風格：English Pale Ale　濃度：4.7%ABV

特色：

Fuller's 不只是英國最富盛名的酒廠之一，也是倫敦少數幾間還在運作的酒廠，備受全世界啤酒愛好者的推崇。Fuller's 旗下有好幾款程度的 Bitter，如果說"Chiswick Bitter"為一般 3 點多 % 酒精濃度的 Bitter，London Pride 則是"Best Bitter"，ESB 就屬"Special Bitter"了。London Pride 是 Fuller 的旗艦酒款。這款 Pale Ale 在英國當地一向以桶裝啤酒的形式在酒吧販賣，到了海外就變成了瓶裝版的 Pale Ale。這瓶啤酒有著透亮的紅棕色，並帶出強烈 Fuller's 傳家酵母的經典味覺，有著大地感和橘子果醬的香氣。品飲中段會浮出焦糖味，尾段則帶出延長的乾爽感，搭配油膩的菜色特別合適。

Samuel Smith's Old Brewery Pale Ale

酒廠：Samuel Smith Old Brewery(Tadcaster)

地區：North Yorkshire, United Kingdom

風格：English Pale Ale　濃度：6.00%ABV

特色：

Samuel Smith 和 Fuller's 大概是最知名的兩家英國啤酒廠，在台灣幸運的都能喝到。Samuel Smith 位在北邊 Yorkshire 小鎮 Tadcaster，素來以家庭酒廠和與外界隔絕的形象聞名。Samuel Smith 的發酵系統跟別的地方很不一樣，又稱為約克夏系統"Yorkshire System"，酒廠用以威爾斯石板打造成四方形且上下兩層的開放發酵槽，發酵時下層多餘的酵母會跑到上層，帶給啤酒複雜又特殊的絕妙風味。這款啤酒有多汁的酸橘子果醬口感，充滿著豐富的乾草、蘋果、太妃糖風味，正是 Samuel Smith 獨特的酵母香氣。

國外必飲 · 傳奇酒款

Marston's Pedigree

酒廠：Marston, Thompson & Evershed

地區：Burton upon Trent, England

風格：English Pale Ale　濃度：5.0%ABV

特色：

Marston 酒廠位在出名的 Burton upon Trent 酒區，也是第一章的 Derek 最鍾愛的酒款。Marston 是世界唯一還在使用且代價昂貴的釀造系統“Burton Union System”「波頓聯合系統」的酒廠，意指將兩排木桶上方連結一個長方形的鋼槽，發酵後多餘的泡沫會跑到用鋼槽內，啤酒則流回到木桶，隨時過濾酵母，讓啤酒保持清澈口感。這款淡愛爾聞起來有一點奶油糖的香味，入口有蘋果般的溫潤酸香，與兼容胡椒味與藥草般的啤酒花苦味，成了獨具特色的招牌口感。雖然台北沒賣，但亞洲地區在上海與香港都看的到。

Young's Bitter

酒廠：Well's & Young's　地區：London, England

風格：English Bitter　濃度：3.7%ABV

特色：

如果你早期住在倫敦，又是啤酒迷，那麼也許像台灣黨派的藍綠之分般，你可能是 Fuller's，不然就是 Young's 的粉絲。Young's 的歷史從 1533 年開始，在 2006 年搬離倫敦並與 Charle's Well 合併成 Well's & Young's 後，不少倫敦啤酒迷因此心碎。Young's 的 Bitter 只有 3.7%，口感卻複雜均衡，用上英國產的特色麥芽 Maris Otter，帶出太妃糖般的甜麥味與水一般稀薄的酒體，英國的 Fuggle 與 Golding 啤酒花，則讓尾勁迴盪出草藥味與柑橘等低沈的啤酒花苦味。Young's 也出產酒精濃度稍高，4.5% 的 Special Bitter，在英國酒吧內用 Cask Conditioned（Real Ale）形式，飲上一杯最過癮。

Draught Bass

酒廠：Bass　地區：Burton upon Trent, England

風格：English Pale Ale　濃度：5.00%ABV

特色：

Bass 是英國最具歷史地位，也是讓苦啤酒發揚光大的重要酒廠之一。它的啤酒曾在雷諾瓦的畫作「女侍」出現過，紅色的三角形簡單明瞭，還是英國第一個註冊商標，可惜如今被大廠 AB-InBer 收購。一般海外喝到的 Bass 都是瓶裝或已過濾殺菌後的幫浦啤酒，只有英國當地才喝到 Bass 的 Real Ale 系列，亞洲地區在日本很常見，據說美味差很多。Bass Draught Ale 入口清爽俐落，果香之餘帶著淺薄的餅乾、焦糖滋味，也許就口感來說不算太豐富，但這可是極具代表性的英國啤酒，一生一定要品嘗一次！

其它推薦：

Timothy Taylor 酒廠，Landlord-Strong Pale Ale，4.1%、Adams 酒廠，Adnams Bitter，3.7%、Harveys 酒廠，Tom Paine Original Ale，5.5%、Black Sheep 酒廠，Black Sheep Ale，4.4%、Harviestoun 酒廠，Harviestoun Bitter & Twisted，4.2%

印度淡愛爾
航向殖民地的英式優雅

英式 IPA 相對酒精濃度偏低，約在 5% 上下徘徊，有時跟最濃郁的 Bitter 差不多，且用上英國產的麥芽 Maris Otter，多出了餅乾與焦糖的甜美味……

如果你住在美國又喜歡喝啤酒，鐵定會對這幾年大流行的 India Pale Ale（印度淡愛爾）印象深刻。India Pale Ale 又簡稱為 IPA，比一般淡愛爾加了更多的麥芽與啤酒花，酒精濃度偏高。IPA 在英國啤酒歷史上有非常重要的地位，影響了英國流行至今的淡愛爾，眾說紛紜的歷史引起了不少爭議。

IPA 中的印度兩字可不是因為在印度製造。18 至 19 世紀的大英帝國每年都有大批船員前往遙遠的殖民地印度，貨運包括衣服、香水、瓷器、起司、火腿等，當然還有最重要的啤酒。其中倫敦酒商 George Hodgson 的 Bow 釀酒廠位置靠近碼頭，一度成為供應印度啤酒市場的最大酒廠。最主要產品為熟成一至兩年以上的強淡愛爾「十月啤酒」（October Beer），用上高份量的淡色麥芽與大量啤酒花，酒精濃度到 7 或 8% 以上。適合溫差變化極大的印度航程，上岸後反而像熟成多年般更加美味。Bow 釀酒廠不僅搶下殖民地市場，Hodgson 啤酒更被當

地報紙 Calcutta Gazette 稱為「高品質的美味保證」。

不過 Hodgson 啤酒並非沒有競爭對手，英國波頓區域 Burton upon Trent 的酒商正因失去俄羅斯波羅地海的市場，而將腦筋動到印度市場。大酒廠 Allsopp 與東印度公司合作，推出模仿 Hodgson 的淡色苦強啤酒，意外發現波頓地區的硬水富含豐富的硫酸鈣，特別適合釀造苦愛爾，顏色更淡，苦味也更分明，滋味比倫敦酒商釀的更美味！當地酒商如 Bass 也效法將釀酒運往印度，Bass 更一度佔據了印度 40 % 的市場。19 世紀中，Hodgson 用上「印度淡愛爾」"Indian Pale Ale"之名宣傳，在英國本地市場也逐漸受到歡迎。

IPA 風格曾隨著一次世界大戰前政府政策「減少麥芽量」，其他因素如運輸工具發達、冰箱發明等，讓酒廠不需再釀造高酒精濃度的產品，一度消失在市場上。1980 年代美國精釀啤酒風潮讓 IPA 重新回到舞台，發展出有強烈葡萄柚皮味特色的美國 IPA（American IPA），之後章節會介紹到。美國人的熱情也影響到發源地英國，英式 IPA 跟美式比相對酒精濃度偏低，約在 5% 上下徘徊，有時跟最濃郁的 Bitter 差不多，且用上英國產的麥芽 Maris Otter，多出了餅乾與焦糖的甜美味，加上英式啤酒花 Kent Golding 多以泥土、香料、草藥味為主，苦味相對優雅宜人，不似美式 IPA 強烈鮮明的苦味。

英國 IPA 的優雅苦味適合口味略重的菜色，如清淡的炸物，具英倫風格的 Fish & Chips，炸魚薯條。另外像淡愛爾的太妃糖味，英式啤酒花的香料與草藥味也能輕易與各種香料菜色融合。

台灣極品 ‧ 頂尖酒款

Samuel Smith's India Pale Ale

酒廠：Samuel Smith Old Brewery(Tadcaster)

地區：North Yorkshire, United Kingdom

風格：English India Pale Ale　濃度：6.00%ABV

特色：

這款 IPA 號稱用上 19 世紀的酒譜釀造，酒精濃度高達 6%，比許多英國酒商的 IPA 還強上不少，讓人遙想在印度海洋上浮沈的啤酒。這款啤酒說明著英式啤酒花的魅力，顏色呈現漂亮的古銅色澤，有著圓潤的麥芽香，透出焦糖、核桃的香氣，尾勁則有英式啤酒花的乾爽草藥滋味，與鄉村粗獷的印象。口味上能輕鬆搭配各種輕調味的炸物，如炸豆腐、炸四季豆等。

Fuller's ESB

酒廠：Fuller Smith & Turner PLC　地區：London, United Kingdom

風格：English Extra Special Bitter　濃度：5.9% ABV

特色：

Fuller's 的 ESB 是 Fuller's 旗下最受專家肯定的啤酒之一，ESB 拆開來稱為"Extra Special Bitter"，屬於最濃等級的苦啤酒，其實已經類似英式 IPA 的口感。ESB 過去幾年拿下不少啤酒大賽的獎項，表現太出色，ESB 這個字眼因此發揚光大，不少酒廠都拿來當強烈愛爾的代名詞。這款啤酒中的麥芽香、焦糖、水果與啤酒花香彼此各自發聲，交織成熱鬧的圓舞曲。尾勁轉而留下餅乾與土司味般的柔和感，層次分明，魅力十足。

Belhaven Twisted Thistle IPA

酒廠：Belhaven Brewery Company Ltd.　地區：Scotland, United Kingdom

風格：English India Pale Ale　濃度：5.3% ABV

特色：

Belhaven 是蘇格蘭最老的酒廠，蘇格蘭酒廠一向與英國風格息息相關，近年被英國大廠 Greene King 收購，旗下啤酒主力為蘇格蘭啤酒 (Scottish Ale)，Twisted Thistle IPA 則是為外國市場開發的一款 IPA。這款 IPA 除了用上英國的 Challenger 啤酒花，也用上美國的 Cascade，在太妃糖的甜味之餘，尾勁有著強勁的柑橘與葡萄柚皮的回甘苦味，表現如美式啤酒般奪目，又保留了英式的優雅，如混血兒般亮眼。

國外必飲 · 傳奇酒款

Brewdog Punk IPA

酒廠：Brewdog Brewery　地區：Scotland, United Kingdom

風格：English India Pale Ale

濃度：5.6% ABV

特色：

Brewdog 是近年來鋒頭最銳的蘇格蘭酒廠之一，他們新潮的宣傳手法總能一再引起討論，例如釀造全世界酒精濃度最高的啤酒，或在啤酒瓶寫上「熱愛啤酒」的長篇論調。這款 IPA 酒精濃度屬於 Brewdog 眾多 IPA 之一的基本款，濃度 5.6%，風格遊走於英國與美國 IPA 之間。交替用上英國 Maris Otter 麥芽，與美國啤酒花如 Chinook 與 Simcoe，讓啤酒的滋味鮮明，首先帶著俐落的果香與輕悠的焦糖滋味，尾韻卻浮上強烈的青草與杉樹香氣，讓人印象深刻。台灣豪邁曾進口這款啤酒，可惜今已停止。

Brooklyn's East India Pale

酒廠：Samuel Smith Old Brewery(Tadcaster)　地區：North Yorkshire, United Kingdom

風格：English India Pale Ale　濃度：6.9% ABV

特色：

這款啤酒雖然來自美國東岸的 Brooklyn Brewery，卻遵照英國早期的傳統酒譜，名稱取當年在英國常用的名稱“East India Pale Ale”（東印度淡愛爾）。雖是美國酒廠，卻大多以英國原料釀造，用上來自英國 East Angalia 產區的麥芽，與大量 East Kent Golding 的英國啤酒花種類，之後再以美國的啤酒花 Dry Hop，讓啤酒不止帶著土壤、焦糖的雋永滋味，還有著檸檬、柑橘香的明亮氣息，表現均衡，我曾在上海一口氣買了好幾瓶回台灣備用。

其它推薦：

Greene King 酒廠，Export Strength IPA，5%、Austell Brewery 酒廠，Proper Job IPA，5.5%、Caledonian 酒廠，Deuchars IPA，4.6%、Meantime Brewing Company 酒廠，Meantime IPA，7.5%

輕愛爾
甜美的味蕾樂章

顏色偏棕深的輕愛爾，有著低苦味與偏甜口感，因烘烤麥芽而有著焦糖與巧克力的尾韻，甜美圓潤，讓人印象深刻……

我曾在英國酒吧 JP Wetherspoons 喝到 Brewdog 酒廠限定生啤，Mild，顏色偏棕紅，入口的甜美圓潤讓人印象深刻，尾韻帶出烘烤與焦糖香氣。一問，酒精濃度竟只有 3.6%，這明明就像 5% 的厚實感啊，當場的震驚不小。

後來才知道原來不是 Brewdog 厲害，Mild 本來就有這種特色。最早期的 Mild 指的是熟成時間短，需快速喝完的新鮮啤酒，並不限定於特定風格。由於發酵時間短，酵母沒能將糖分充分轉化為酒精，口感偏甜美且圓潤。喝得快就不需特別防腐，就沒必要放太多的啤酒花，苦味也就不明顯。

相對於 Mild，放了一段時間的啤酒則稱為“Stale”（陳舊不新鮮之意）。17 世紀時酒客喜歡將熟成的 Stale 與新鮮的 Mild 混合，像著名的混釀“Three Threads”，就是混合 Mild，Stale，棕愛爾三款。19 世紀時，酒吧內常提供數種不同濃度的 Mild，X，XX，XXX 到 XXXX，漸漸取代了廣為流行的波特酒（Porter），成為英國最受歡迎的啤

EWERK

酒。Mild 在 1960 年後一度從市場上消失，近年來精釀酒廠的努力下逐漸復興。早期的 Mild 沒有顏色區別，如今 Mild 大部份為顏色偏棕深的愛爾，有著低苦味與偏甜口感，因烘烤麥芽而有著焦糖與巧克力的尾韻，酒精濃度大多降至 3 到 4% 之間徘徊，成了名副其實的「輕」啤酒。酒量不好的人，喝上這一款「輕」啤酒，喝完去上班也沒聞到酒味，很棒吧！

台灣極品 · 頂尖酒款

Toohey's Old

酒廠：Toohey's Brewing　地區：Australia

風格：English Dark Mild Ale　濃度：4.4% ABV

特色：

Toohey 是澳洲雪梨的老牌酒廠，1869 年就釀造這款 Toohey's Old，目前屬於澳洲 Lion Nathan 飲料集團。這款啤酒歷史悠久，深棕的顏色將不少習慣「黃金色」啤酒的年輕人嚇跑，被一些澳洲人認為是「老人啤酒」。風格為 Dark Mild，酒精濃度只有 4.4%，強調甜美的酒體與帶點黑色麥芽的烘烤滋味。啤酒花放的量不多，苦味不明顯。對我來說，初次喝有酒體淡薄的印象，喝第二次，才感受到這款啤酒溫潤的魅力。

國外必飲 · 傳奇酒款

Highgate Mild

酒廠：Highgate　地區：Walsall, England

風格：English Brown Ale　濃度：3.8% ABV

特色：

中部工人階級最愛喝的酒就屬 Highgate Mild。這個酒廠曾被 Bass 擁有多年，如今終於獨立作主。在英國中部的城市如 Warsall、Manchester 非常受歡迎。顏色呈現漂亮的紅銅色，味道在麥芽與水果甜味中找到平衡。Highgate 的釀酒方式還很原始，酵母運用了兩種年代悠久的專屬酵母，在木桶裡以開放發酵的方式，Highgate 帶有標準中部 Mild 的味道，3.8%卻有如此平衡的滋味，讓工人們可以一次喝上許多份量。

棕愛爾
南北相異的風味體驗

棕愛爾是英國最老的啤酒風格之一，其本身焦糖與核桃的甜味，適合搭配同樣帶著甜味的牛排與烤肉，甚至任何的牛豬料理都很合適……

啤酒風格以顏色來分類最好記，如比利時白啤酒、德國黑啤酒、美國紅拉格等，英國棕愛爾（Brown Ale）也是其中一例，只不過名氣沒有其他上述的大。棕愛爾是英國最老的啤酒風格之一，17 世紀末曾是倫敦的主要飲品，19 世紀中隨著 Porter、Bitter、IPA 等大受歡迎，棕愛爾也逐漸式微。

二十世紀初棕愛爾又逐漸活躍，且在英國南北方各自發展出不同的口味。1902 年，南方的 Mann 酒廠率先推出一種新型態的瓶裝棕愛爾，大受歡迎，宣稱是「倫敦最甜的啤酒」後，酒精濃度低，顏色分布從紅銅到深棕，強調焦糖、核桃的甜味，啤酒花味道不明顯。之後其他酒廠紛紛以"Nut Brown"之名推出啤酒，有些甚至直接將 Dark Mild 改成 Brown Ale 銷售。

英國東北方的棕愛爾則發展出全球熟知的口味，比南方的色澤淺，口感少了焦糖，多了更多核桃味，啤酒花味道較明顯。1927 年的 Newcastle 棕愛爾就是北方的代表，酒廠與 Scottish 合併後流行到全世界，啟發了無數海外的釀酒廠。

Brown Ale 的焦糖與核桃甜味比 Pale Ale 更適合帶著焦糖味的牛排與烤肉，甚至任何牛肉或豬肉料理搭配上都會很合適。野味如鴨或鵝，加上帶有蘑菇滋味的棕醬也會非常適合 Brown Ale 的搭配。

1430
Cittie of
Beer
oldest

台灣極品 · 頂尖酒款

Samuel Smith Nut Brown Ale

酒廠：Samuel Smith Old Brewery(Tadcaster)　地區：North Yorkshire, United Kingdom

風格：English Brown Ale　濃度：5.00% ABV

特色：

Nut Brown Ale 是 Samuel Smith 最出名的旗艦啤酒之一，也是啟發美國精釀酒廠釀造英式棕愛爾的範本，在網站 Beer Advocate 得到「World Class 世界級」滿分的評價。這款棕愛爾屬於英國東北部的風格，顏色較深且強調烘烤核桃的滋味，光是他透亮的紅棕色就讓人充滿好感。這款啤酒一聞就透出核桃與些許奶油糖的香氣，中等酒體除了奶油糖的甜味外，還留下了核桃與榛果的香氣，如果能搭配一塊榛果蛋糕就是絕配了。

國外必飲 · 傳奇酒款

Newscastle Brown Ale

酒廠：The Caledonian Brewery　地區：Newcastle, United Kingdom

風格：English Brown Ale　濃度：4.7% ABV

特色：

Newcastle 啤酒讓英國城鎮 Newscastle 成了世界最知名的城鎮之一，不過啤酒廠如今已經移往 Tadcaster，跟 Samuel Smith 同一個區域，曾經引起 Newcastle 人很強烈的反彈。 Newcastle 曾經是英國銷量最好的啤酒，如今更被大廠 Heineken 收購，它的酒體略淡薄，其實是將深色與淺色啤酒混釀的結果，帶著淡雅的水果、麥芽、乾草與焦糖的味道，擴散開來的苦味平衡了微妙的味覺，十分耐喝，難怪到目前還是英國銷售第一的瓶裝啤酒。

WOODFORDE'S
Norfolk Ales

Woodeford's Norfolk Ales

酒廠：Woodeford Brewery　地區：Norfolk, England

風格：English Brown Ale　濃度：4.6% ABV

特色：

Woodeford 是近年來很成功的精釀酒廠，位在靠海的 Norfolk 區域。 這款 4.6％算上「重口味」的 Mild，用上 Norfolk 產的麥芽，英國的 Kentish 啤酒花，並特殊的採用瓶中二次發酵。這款啤酒的香氣十分複雜，有巧克力、葡萄乾等深色水果的成熟味覺。入口則帶出烘烤過後的酸度，深色水果與乾爽的苦味。瓶中二次發酵的方式更保留酵母的美味，有到英國中部旅遊肯定要帶上一瓶。

其它推薦：

Alcazar 酒廠，Maiden Magic，5%、Maxim 酒廠，Double Maxim，4.7%

英式波特
一代風華的起承興衰

18 ~ 19 世紀期間，波特酒是倫敦的超級明星。其焦糖甜味、水果香氣與巧克力般絲綢滑順口感，使它在許多國家也備受喜愛……

在 India Pale Ale 大受歡迎之前，18 ～ 19 世紀期間，Porter（波特酒）才是當時倫敦的超級明星，甚至流行到愛爾蘭、北歐、澳洲、美國等，成為第一位啤酒「國際巨星」。據傳由鄉下貴族將配方傳至城市，先為熟成時間長，啤酒花濃厚的棕咖啡色，因碼頭搬運工人（Porter）喜愛而贏得了“Porter”的稱號。Porter 酒當時風頭有多健？從前倫敦十二大酒廠都在釀造 Porter，做出可承受 108 加侖的巨大木桶陳年啤酒長達一年，之後木桶越做越大，Meux Brewery 就曾在木桶內舉辦 200 個人的豪華晚宴，派頭十足。當時倫敦酒吧人手一杯波特酒，這種棕色酒帶烘烤味，濃郁甜美，更因木桶熟成有複雜的酸香，常與年輕的波特混酒。然而就在英國人慶祝木桶建造越加宏偉的同時，悲劇發生了。一天半夜，巨大的木桶終於承受不住酒體重量，破裂後湧出如巨大海浪般波濤的波特酒。這場意外造成了八個人死亡，死因是淹死和強烈的酒精中毒，讓原本如日中天的 Porter 的聲勢瞬間低迷不少，在一次世界大戰後更逐漸被 Mild 與 Stout 取代，一代風華沒落。不過身為世界第一位「國際巨星」，波特酒的影響延續至今，最大的貢獻大概是今日備受喜愛的健力士司陶特，它的前身就是波特酒。愛爾蘭的波特跟倫敦相比，因為棕麥芽與琥珀麥芽放的少，黑色麥芽放的多，酒體不甜具焦味，且顏色深黑，酒精濃度相對較低。海峽出口國如芬蘭、瑞典、荷蘭到現在也能找到酒廠釀傳統的 Porter（波羅地政府），又稱為 Baltic Porter，當年依波羅地海峽航運進貢給俄國的國王，尤其受到彼得大帝的喜愛。因要應付寒冷的天氣，酒精濃度一般偏高達 5 ～ 9%。這些地方的 Porter 有濃厚甘草香與如中藥般的苦味，被宣傳有健身強效的藥用功能。

波特酒在英國本地雖然一度沈寂，但在 CAMRA 組織的宣傳推行下，Porter 再度得到啤酒愛好者的熱烈眼光。如今英式波特酒的酒精濃度跟司陶特差不多，平均約 4 ～ 5%，卻更偏焦糖甜味，水果香氣與巧克力的口感，且有絲綢般的滑順口感，讓 Porter 適合任何炙烤料理，如烤豬排，甚至烤蔬菜等都很美味。

台灣極品 · 頂尖酒款

Fuller's Porter

酒廠：Fuller Smith & Turner PLC

地區：London, United Kingdom

風格：English Poter　濃度：5.4% ABV

特色：倫敦是讓波特發光發熱的舞台，當地水質也最適合釀造波特，能引出偏黑色的色澤。位於倫敦的老牌釀酒商 Fuller，旗下的 London Porter 理所當然是最經典的一款波特酒，贏得無數的啤酒大獎。這款啤酒用上棕色、巧克力和水晶麥芽，呈現深棕的色澤，再以 Fuggles 啤酒花平衡。顏色閃著一絲紅寶石的光芒。入口帶著適當烘烤的酸度，接著浮現溫暖的咖啡、焦糖，與巧克力的味道，整體滋味均衡適中，表現完美無瑕。

Samuel Smith Taddy Porter

酒廠：Samuel Smith Old Brewery(Tadcaster)　地區：North Yorkshire, United Kingdom

風格：English Poter　濃度：5.00% ABV

特色：

酒神 Michael Jackson 曾把這款啤酒列入「世界最棒的啤酒」前五名，的確實至名歸。這款啤酒有很濃厚細膩的泡沫，一倒出來就吸引目光。香味和入口的感覺如出一轍，有濃郁的黑棗、焦糖、咖啡、甘草等複雜的味覺，帶點香料的苦味如絲綢般將舌頭溫柔的覆蓋住，尾勁則以些許酸味劃下句點。這是一款讓人感受到高貴品味的英式啤酒，很適合單獨細細品味，搭配上巧克力甜點更加完美。

國外必飲 · 傳奇酒款

St. Peter's Old-Style Porter

酒廠：St. Peter's Brewery　地區：Suffolk, England

風格：English Porter　濃度：5.1% ABV

特色：

St. Peter 是位在英國南方的精釀酒廠，這幾年以優秀的品質逐漸展露頭角，到倫敦就能在直營酒吧喝上一杯。St. Peter 在選材上很用心，用上英國產的 East Anglian 麥芽與英國的啤酒花，並從自家的深井取水，風格走英國傳統啤酒，全部啤酒都不過濾，不殺菌，酒吧內生啤多以木桶熟成啤酒的方式呈現。這款強調 Old Style「老風格」的 Porter 顏色為深黑色，有著咖啡與烘烤的焦糖甜味，尾勁苦味乾爽，並有奶油般的迷人餘韻。我曾在倫敦的酒吧內喝過生啤款，風味更加新鮮圓潤，美味與瓶裝無法比擬！

Carnegie Stark Porter

酒廠：Carnegie　地區：Gothenburg, Sweden

風格：Baltic Porter　濃度：5.5% ABV

特色：

這款啤酒第一次看到是在 Michael Jackson 的啤酒書上，老派的廣告字體十分搶眼。它來自波羅地海小國，挪威，是仿照當年英國出口自俄國的 Baltic Porter 版本，酒精濃度也比一般英式波特高。這款啤酒帶出深棕近黑的色澤，鼻尖傳來果酸與甘草香，一入口感受就很 Man，並非深麥芽的甜香，而是如喝中藥般強烈的甘草氣息，其餘的才是濃縮咖啡般的苦味與酸氣，尾段還在嘴中回甘，搭配中藥滷味料理鐵定適合。

司陶特
深沉典雅的黑啤饗宴

司陶特深不透光的濃黑色澤，常會讓人誤以為它的酒精濃度頗高，其實英國標準的司陶特平均只有4.7%，其豐富多變的味覺口感，絕對值得好好品味……

司陶特（stout）是我剛愛上啤酒時最愛的一種風格，它濃黑的色澤帶出烘烤、甘草、巧克力味，與如義大利濃縮咖啡般的回甘苦味，相較於波特的果香，Stout更偏苦味與乾爽。有一陣子我一出國就買司陶特，酒櫃內擺滿了十多種不同的Stout，尤其著迷於“Imperial Stout”帝國司陶特，其濃郁多變的味覺。Stout在18世紀英國是「烈酒」的代名詞，酒吧內最濃的Porter就叫做Stout Porter，19世紀中後才漸漸將Porter拿掉剩下Stout，成為比Porter更濃郁的黑啤酒代名詞。

Stout衍生出多種變形版本。世界上最出名的Stout就屬世界品牌健力士Guinness，不甜乾爽帶鐵味，乾爽俐落的尾勁又被稱之為Dry Stout。愛爾蘭特別出口版本又稱之為“Extra Foreign Stout”外國超級司陶特，達6～7%以上。最濃的Stout則稱為“Imperial Stout”帝國司陶特，動輒達8%以上，當年隨著Porter一同跨越波羅地海峽賣給俄國皇室，為了防止啤酒結冰，酒廠加強麥汁濃度與啤酒花，強勁的棕色酒體深受凱薩琳女王的喜愛，熟成期可達七年以上。這款司陶特味覺複雜，除了咖啡、巧克力外，還有黑色果實如葡萄乾、黑棗等的香氣，有時甚至帶點酒精味。不少美國的精釀酒廠愛死了這種濃郁又多變性酒款，常會以此作實驗放入烈酒木桶熟成。我曾喝過一款用香檳酵母並且放進木桶熟成的 Imperial Stout，烘烤的巧克力味中多了香檳酵母的尖銳酸香，高雅又詭譎。

除此之外，19 世紀末，Stout 還分支出營養的 Oatmeal Stout 燕麥司陶特與 Milk Stout 牛奶司陶特。酒商將此種 Stout 宣傳成「治病良方」針對失去胃口或哺乳的女性病患，牛奶司陶特更加入了無法發酵的乳糖，保持了偏甜且低的酒精濃度。燕麥司陶特則是釀酒廠眼中的頑強小孩，由於燕麥並不是特別合作的穀類，就像泡燕麥片一樣，變稠的酒體不好過濾。然而加入燕麥釀製後，原本厚實的酒體變得更加滑順，帶出咖啡牛奶的柔和感，讓整體口感少了尖銳。

目前為止我喝過各式各樣的 Stout，有巧克力司陶特、咖啡司陶特等，從輕盈到厚重的實驗酒款，常常出現不可思議的味覺。Stout 濃黑色澤常會誤導人，因為用上烘烤麥芽與巧克力麥芽讓顏色深不透光，其實英國標準的 Stout 平均只有 4.7% 而已，酒商曾說「越黑的賣越不好」，這種黑色啤酒絕對值得好好品味。司陶特搭菜也很適合，愛爾蘭人喜歡拿 Dry Stout 來搭配生蠔，因都有相似的鐵味。酒體較厚重的則適合各式甜點，從巧克力到藍莓起司蛋糕都值得一試。

台灣極品 · 頂尖酒款

Belhaven Scottish Stout

酒廠：Belhaven Brewery Company Ltd.　地區：Scotland, United Kingdom

風格：Strong Stout　濃度：7% ABV

特色：

之前談過 Belhaven 這間釀酒廠，旗下的 Scottish Stout（蘇格蘭司陶特）是出口到亞洲專屬的瓶裝啤酒。這款 Stout 延續蘇格蘭重視麥芽甜味的特色，加入多種麥芽與烘烤過的巧克力麥芽，試圖釀造出華麗的口感。Belhaven 這款 Stout 的口感甜重，有著明顯烘烤過的巧克力與咖啡香，啤酒花的滋味相對不明顯。其濃郁的甜味也很適合拿來入菜，如巧克力燉雞、巧克力蛋糕等。

Samuel Smith Imperial Stout

酒廠： Samuel Smith Old Brewery(Tadcaster)

地區：North Yorkshire, United Kingdom

風格： Imperial Stout　濃度：6% ABV

特色：

這款得獎連連的 Imperial Stout 瓶身上的金牌與銀牌，說明著光榮的歷史。一入口有著飽滿且華麗的滋味，需要停晌片刻才能釐清味覺。顏色呈現深黑色澤，鼻尖上傳來明顯的甘草、黑棗味與黑糖香，入口後層次分明，先是烏梅、檸檬般的酸氣，中段才傳來麥芽帶出的巧克力、黑棗、葡萄乾等滋味，尾勁帶出煙燻味般雋永的苦味與花香，令人回味再三。

Samuel Smith Oatmeal Stout

酒廠：Samuel Smith Old Brewery(Tadcaster)　地區：North Yorkshire, United Kingdom

風格：Oatmeal Stout　濃度：5.00% ABV

特色：

它是全世界最有名的燕麥司陶特，也是啟蒙許多美國精釀酒廠的燕麥啤酒。燕麥司陶特在第一次世界大戰後一度絕跡，直到 1980 年代 Samuel Smith 又帶回市場，讓不少酒客重新燃起了對這款美味啤酒的好奇。它呈現不透明的顏色，像是營養豐富的麥芽糖般，酒體如絲綢般滑潤細幼，接著滑出了複雜卻溫和的口感，有著巧克力牛奶、焦糖、太妃糖渾然一體的柔美滋味，相信能說服那些對黑啤酒有刻板印象的酒客們。

國外必飲・傳奇酒款

Guinness Extra Foreign Export

酒廠：Guinness Ltd.　地區：Ireland

風格：Export Stout　濃度：7.5%ABV

特色：

市面上流通的 Guinness 有很多種版本，台灣喝到的大多都是馬來西亞製造，這一款則是愛爾蘭廠製造的美味版本。這款啤酒是 Guinness 系列中酒精濃度極高的一款，為早期要運送往加勒比海的啤酒配方，保留了 19 世紀中 Stout 混釀的手法，將有年份的舊酒加入新酒內，整體多了深沈的酸香，且強調瓶內二次發酵。一倒出，色澤黑中帶暗紅，如絲綢般的細膩口感帶出上等 Espresso 與甘草的香氣，餘韻帶出溫暖的酒精滋味。喝過了之後 Guinness 基本款就相形失色了。

St. Ambroise Oatmeal Stout

酒廠：McAuslan Brewery　地區：Montreal, Canada

風格：Oatmeal Stou　濃度：5.00% ABV

特色：

St. Ambroise 是加拿大蒙特利那最受歡迎的啤酒，在當地隨處可見，聚會時曾得到 Café Odeon 前鄭老闆的稱讚。這款燕麥司陶特有標準黑不透光的色澤，上頭浮著一層極為綿密的泡沫，外型誘人。然而口感不甜，因此第一口不特別吸引人，滑順且有很乾爽的烘烤口感，尾勁帶出黑巧克力的苦味。喝著喝著，讓人逐漸上癮，談笑風生間就杯底見光。

Murphy's Irish Stout

酒廠：Murphy Brewery Ireland Limited　地區：Ireland

風格：Irish Dry Stout　濃度：4.00% ABV

特色：

Murphy 來自愛爾蘭，跟 Guinness 一樣都從釀造 Porter 起家，如今也改成釀造受歡迎的 Stout。台灣的愛爾蘭酒吧曾經能見到 Murphy 與另一款同樣來自愛爾蘭的 Beamish Stout，可惜現在已經無人代理。Murphy 的口感非常清爽，輕微的苦味與咖啡烘烤香氣，喝完後在嘴巴不留痕跡，只留下如雲煙般的苦味。喝慣重口味的可能會嫌沒味道，但其實這也是愛爾蘭司陶特的賣點之一。

Young's Double Chocolate Stout

酒廠：Well's & Young's　地區：London, England

風格：Stout　濃度：5.2% ABV

特色：

這款得獎連連的 Chocolate Stout 有著柔順的咖啡與黑巧克力滋味，然而卻不會過份甜膩。既然寫上 Double 兩字，又將巧克力放上了酒標，Young's 用上巧克力麥芽與糖，並大方的將巧克力直接放入啤酒內釀造，讓巧克力的滋味更逼真。未發酵的糖份讓口感飽滿迷人，除了巧克力滋味外，還有咖啡、甘草等苦味，酒精濃度卻意外的只有 5.2%，是一款輕盈卻包覆了多種滋味的美味啤酒。

Courage Imperial Russian Stout

酒廠：Well's & Young's　地區：Bedford, England

風格：Russian Imperial Stout　濃度：10.00% ABV

特色：

Courage Imperial Russian Stout 一直是可遇不可求的神祕啤酒，自從 1982 消失在市場後，2011 年又由 Young's 的頭號釀酒師，Jim Robertson 重新釀製，並拿下發行權，首次亮相就造成轟動。追究原因，Courage 曾經是倫敦 12 大 Porter 酒廠之一，他們家的 Imperial Stout 的血統純正，傳承當年運往俄國給女王飲用的啤酒文化。這款啤酒用上酒廠無添加的天然井水，有著濃烈的煙燻咖啡、巧克力味，同時間也傳達出豐沛又新鮮的水果香氣。如果你幸運的遇見，可別忘了多買幾瓶，因為最棒的適飲期間是在十三年後呢！

Dieu du Ciel Aphrodisiaque

酒廠：Dieu du Ciel　地區：Montreal, Canada

風格：Coffee Stout　濃度：6.5% ABV

特色：

位於蒙特立的酒廠 Dieu du Ciel 在北美一直享有很高的名氣，釀出得獎連連的高品質啤酒。這款啤酒有著迷炫的味覺，能聞到香草、黑巧克力、波本酒的成熟香氣。雖然顏色深沈不透光，口感卻意外的柔和，飽滿的滋味跳脫啤酒的框架，真有種「烏溜溜秀髮」的感覺。

Brooklyn Black Chocolate Stout

酒廠：Brooklyn Brewery　地區：New York, US

風格： Imperial Stout　濃度：10.00 % ABV

特色：

美國有不少釀酒師都喜歡挑戰這款大又飽滿，且曾受凱薩琳皇后青睞的風格帝國啤酒，Brooklyn 酒廠的釀酒師 Garret Oliver 就是一例。Garrett 用上三種麥汁調和，強大的麥芽滋味讓人無法忽視。鼻尖就能聞到複雜又強大的香味，酒體渾圓飽滿，充滿著咖啡、黑巧克力、焦烤木頭等，伴隨著如糖漿般綿延不絕的深沉甜味，最後再以不刺激的溫和苦味結尾，就像在讀一首起承轉合的詩句般令人回味。

其它推薦：

Bartram Brewery 酒廠， Comrade Bill Bartrams Egalitarian Anti Imperialist Soviet Stout，6.9%、O'Hanlon's Brewery 酒廠，Port Stout

蘇格蘭愛爾
大麥釀造的飽滿風格

蘇格蘭啤酒的酵母也不同，必須要有抵禦天氣寒冷的阿信性格，類似拉格酵母般就算低溫也能緩慢發酵的特性，時間往往要從幾天拖到好幾個禮拜，讓麥芽味更加突出……

蘇格蘭一向以威士忌出名，鮮少人知道當地的啤酒也很有特色。蘇格蘭出產大麥，本地產的麥芽 Golden Promise 帶給啤酒類似香草的甜味。而啤酒跟威士忌有如葡萄酒跟白蘭地的關係，一個將麥汁拿去蒸餾，一個拿去發酵。早期當地農家婦女常常私釀啤酒販賣，商業型酒廠之後才在 Glasgow 或 Edinburgh 等大城市出現，蘇格蘭最老的酒廠 Belhaven 就是在 1717 年才建立的。蘇格蘭啤酒在很多方面都自成一格，像是當地嚴寒的天氣無法生長出啤酒花，因此啤酒不強調啤酒花的香氣，反而像我們吃羊肉爐一般，希望能補身取暖，因此蘇格蘭啤酒強調的的是麥芽濃甜度，滑順感與帶有節奏感的餘韻。早期的蘇格蘭酒廠會用上各式各樣的香料如藥草、樹根等，來平衡麥芽的甜味。

蘇格蘭啤酒的酵母也不同，必須要有抵禦天氣寒冷的阿信性格，類似拉格酵母般就算低溫也能緩慢發酵的特性，時間往往要從幾天拖到好幾個禮拜，讓麥芽味更加突出。蘇格蘭酒廠更有獨特的標酒方式，並以錢幣 Shilling 來代表酒精濃度，

60 代表 Light，70 代表 heavy，80 則為 export，數字越高，酒精濃度越高。超過 100 就是 Wee Heavy，大麥酒一般的等級了。一般濃度的蘇格蘭啤酒被稱為 Scottish Ale，而酒精濃度較高則被稱為 Scotch Ale。

這幾年喜歡發想創意的美國酒廠，開始加入用煤炭煙燻過後的麥芽來強調「蘇格蘭」風味，甚至放入威士忌桶內熟成，創造出深具威士忌色彩的啤酒，都讓蘇格蘭啤酒更加流行。當地酒廠如 Brewdog、Harviestoun 也深具實驗性。蘇格蘭啤酒的麥芽甜味與如奶油般的口感很適合搭配燉煮的菜餚，甚至夠性格的鹿肉野味也不怕。煎鵝肝或者帶有濃縮醬汁的小牛肉也很適合口感飽滿的蘇格蘭啤酒。

台灣極品 · 頂尖酒款

Belhaven Scottish Ale

酒廠：Belhaven Brewery Company Ltd.　地區：Scotland, United Kingdom

風格：Scottish　濃度：5.3% ABV

特色：

Belhaven 是蘇格蘭歷史最悠久的一間啤酒大廠，1827 年奧地利皇室甚至將其啤酒稱為「蘇格蘭的勃根地」，目前被英國大廠 Greene King 收購。我拿到的是從蘇格蘭進口的 Belhaven 蘇格蘭啤酒，透明的酒瓶內裝著銅紅色的亮眼液體，一開瓶，煙燻味與果酸味是飄上鼻尖的第一印象。一喝，煙燻味極為明顯，甚至有些像剛抽完煙嘴巴的感覺，也有點類似培根肉，接著才是麥芽甜味包圍住嘴間的飽滿感。這款啤酒十分有特色，有興趣品嘗可請東時代為進口。

Traquair House Ale

酒廠：Traquire House Brewery Lld　地區：Scotland, United Kingdom

風格：Scotch Ale/Wee Heavy　濃度：7.2% ABV

特色：

Traquair House 是蘇格蘭最老的住宅城堡，最早是給國王與皇后打獵的度假小屋，如今則成了開放參觀的景點。Traquaire 最特別的地方就是生產啤酒，1745 年開始釀酒，曾經停工許久，1965 年透過 Peter Maxwell 的支持重新復工，直到如今還保留了最原始的釀酒設備，製造啤酒的方式如同威士忌，是少數幾間還是用上老式木桶發酵槽的釀酒廠。Maxwell 家族用 18 世紀的強愛爾的酒譜，並直接於木桶內熟成，都讓整體風味更加圓融沈穩，麥香果味優雅均衡。

A Wee Angry Scotch Ale

酒廠：Russell Brewing　地區：Surrey, British Columbia

風格：Scotch Ale/Wee Heavy　濃度：6.5%ABV

特色：

近年來北美不只是美國，就連加拿大也都吹起了精釀啤酒風潮，Russell 就是近幾年在 BC 省竄出名號的酒廠，這款酒以 19 世紀 90 Shilling 強度的蘇格蘭愛爾為範本，使用蘇格蘭產與少數泥煤煙燻過的麥芽，來創造出略帶煙燻的風味。深棕色的啤酒在鼻尖上透露出強麥芽甜與一絲泥煤香氣，入舌有烘烤與酒精的溫暖感，苦氣不算低調但也十分均衡，口味討喜。

Scotch Silly

酒廠：Brasserie de Silly S.A.　地區：Belgium

風格：Scotch Ale/Wee Heavy　濃度：8.0%ABV

特色：

蘇格蘭與比利時一直有密切的緣份，早期蘇格蘭皇室高比例的成員都具備法蘭德斯人血統，並傳授法蘭德斯（Flanders）的釀酒技巧至蘇格蘭愛爾（Scotch Ale），濃度至少 7%以上，比利時更一度釀造蘇格蘭愛爾外銷到蘇格蘭。這款由比利時酒廠 Silly 出產的蘇格蘭愛爾自世界第一次大戰後開始釀造，用上英式啤酒花 Kent Hops，大量的烘烤麥芽，並加入糖熟成。一倒出，香氣比一般蘇格蘭愛爾多了香料味，如絲綢的滑順口感，飽滿濃郁的麥芽甜味像糖漿般滑入口，充滿了核桃與香料如丁香般的甜美感，尾勁的比利時香料味更明顯。這款酒具有熟成多年的潛力，可以買幾瓶回來做實驗。

大麥酒 × 老愛爾
時間精釀下的內斂品味

品質好的 Barley Wine 會隨著時間變得更加的圓滑，釀出均衡細緻，類似雪利酒的獨特口感。它更是一款適合睡前飲用，邊聽著爵士樂邊安心入睡的啤酒……

你有想過啤酒可以陳年，甚至跟葡萄酒一般講究年份嗎？Barley Wine 大麥酒就是一款與眾不同的啤酒。冠上"Wine"這個字眼，因為 Barley Wine 如葡萄酒一般有著長達數月至一年以上的熟成期，偏高的酒精濃度，與越放越美味的精神，尾韻更是複雜引人回味。

在英國，Barleywine 直到 20 世紀才有的名詞，廣泛指任何 7% 以上的高酒精濃度啤酒，除了帝國司陶特以外。這種高濃度的啤酒在英國早有流行，早期沒有冰箱，酒商會在三月與十月釀造放入大量啤酒花防腐的濃郁啤酒渡過，又稱 October Beer 或 Old Ale，並在木桶長達一年以上，發展出濃郁複雜，有時帶出木桶野生酵母酸氣的味道。上流社會的成員甚至拿來當白蘭地小口小口啜飲，被當成是「冬季聖品」。

波頓酒商 Bass No.1 是少數最早用 Barley Wine 字眼宣傳的啤酒。早年波頓的酒商為了將啤酒運往遙遠的俄羅斯，釀造出顏色偏深棕色，且麥芽甜度高，啤酒花重的啤酒。Bass 的招牌是紅色三角形，標榜大王酒的 Bass No.1 酒瓶上則掛著如鑽石般閃爍的紅色四角型，就是以當年運往俄羅斯的酒款為原型。英國的歷史學家 Martyn Cornell 就在書中提到，1896 年出產的第一批 Bass No.1，一百四十年後開瓶的滋味介於雪利酒和糖布丁之間。

另外一種 Barley Wine 則是二十世紀中期出現，閃著耀眼光芒的金黃色大麥酒，第一款為 Whitbread Gold Label，或台灣能喝到的 Fuller's Golden Pride，用上淡色麥芽，通常有著果香濃郁如熱帶水果般的特色。現今英國不少酒商也常會用“Old”老字，來描述他們的大麥酒，如 Young's 的 Old Nick，或 Robinsin 的 Old Tom 等，靈感來自早期熟成多時的“Old Ale”。這種酒對酒商來說成本很高，需投入大量的原料成本，如大批的麥芽、啤酒花等，因此在酒吧內價格昂貴。

品質好的 Barley Wine 隨著時間，酒精濃度會變得更加的圓滑，釀出均衡細緻，有點類似雪利酒的獨特口感。它更是一款適合睡前飲用，邊聽著爵士樂邊安心入睡的啤酒。美國精釀酒廠對這種風格趨之若鶩，甚至拿來做招牌酒款，台灣喝得到的 Anchor Old Foghorn 就是美國第一支大麥酒，在之後章節會介紹。美國大麥酒較強調啤酒花與豐厚麥芽的香氣，相較之下，英國的 Barley Wine 就像上流背景的紳士一般，沈穩內斂，值得再三回味。

46

台灣極品．頂尖酒款

Fuller's Vintage Ale

酒廠：Fuller Smith & Turner PLC　地區：London, United Kingdom

風格：English Barleywine　濃度：8.5 ABV

特色：

想過啤酒還能有年份之差嗎？ Fuller's 這款經典作品是如今已退休的釀酒師 Reg Drury 的代表作，只用上品質最好的大麥和啤酒花，並標示出每年的年份，謹慎的放在包裝過的盒子裡。這款啤酒有著橘子果醬般的香氣。豐富迷人的麥芽甜味，時間久了會有如波特酒般的口感。年輕的年份入口時特別甜，甚至有些膩人，代表耐心不足太早開了，這可是一款需要至少三年時間成長的深度啤酒。

Olde Suffolk

酒廠：O'Hanlon's Brewing Co. Ltd.　地區：North Yorkshire, United Kingdom

風格：Old Ale/Barley Wine　濃度：11.9% ABV

特色：

Olde Suffolk 被啤酒獵人 Michael Jackson 稱為「英國最與眾不同」的啤酒。它的特色就是將新、舊酒混合，如野生酵母的 Gueze 般，為十八世紀末盛行的啤酒手法之一。Olde Suffolk 可以說是目前唯一還使用此一方法的英國啤酒。釀酒師會將舊啤酒在木桶內熟成一至三年，產生出水果蛋糕般的濃厚口感，再跟口感清爽的淡愛爾混合。這款酒有著輕盈卻深沉的口感，有著鐵味、木桶味、巧克力味，與平衡的酸氣。想必搭配英國的藍乳酪特別適合！

Fuller's 1845

酒廠：Fuller Smith & Turner PLC　地區：London, United Kingdom

風格：English Strong Ale　濃度：6.3% ABV

特色：

1995 年，Fuller's 的釀酒師為了紀念酒廠 150 年的成立而釀造出慶祝的啤酒，1845。仿 19 世紀中的原始模式，選擇不過濾，不殺菌，在瓶中進行二次發酵的強度愛爾啤酒。1845 聞起來濃郁的葡萄乾與些許的香氣，入口提供好幾層的口感，先是太妃糖與巧克力的滋味，接著果酸如葡萄柚與橘皮主導了味覺，尾韻留下如香料蛋糕般的幸福滿足感。這款啤酒曾贏得 CAMRA 多次的瓶中發酵啤酒的獎項，層次感分明，是我最喜歡的 Fuller 酒款！

Samuel Smith Yorkshire Stingo

酒廠： Samuel Smith Old Brewery(Tadcaster)

地區：North Yorkshire, United Kingdom

風格：English Barleywine　濃度：8.5 ABV

特色：

Stingo 意思為強壯的老愛爾，這款酒在 Samuel Smiths 酒廠至少有一世紀之酒的木桶內，又在酒廠的地窖內熟成至少一年以上，擁有豐厚的水果、葡萄乾與奶油太妃糖的味覺，尾韻在嘴中拉長，迴盪不已。這款啤酒在台灣只有小量進口，要訂貨要快。

Fuller's Golden Barley Wine

酒廠：Fuller Smith & Turner PLC　地區：London, United Kingdom

風格：English Barleywine　濃度：8.5 ABV

特色：

這是英國最早的一款金黃色的大麥酒之一，擁有如蜂蜜般迷人的麥芽甜味與啤酒花適度的均衡感。Fuller's 更替 VIP 打造一款特殊祕密款，會在木桶內待三個月才出產，聽了應該很羨慕吧。

國外必飲 · 傳奇酒款

Theakston Old Peculier

酒廠：Theakston　地區：Masham, England

風格：Old Ale　濃度：5.6 ABV

特色：

Theakston 是英國北約克夏的小鎮 Masham 最成功的小酒廠，也是全英國第二大的家族釀酒廠，1980 年代曾一度被 Newcastle & Scottish 買下，如今又重新擁有自主權。這款 Old Peculiar 是讓 Theakston 一炮而紅的酒款，雖然只有 5.6%，口感卻如熟成過的愛爾一般豐富。它有著深紅寶石色澤與豐厚的泡沫，帶出 Old Ale 平衡的麥芽香、太妃糖、烘烤味、巧克力甜，與藥草般的苦味。入口滑順，每一口都讓你聯想到更多的味覺。

Thomas Hardy Ale

酒廠：O'Hanlon's Brewing Co. Ltd.　地區：North Yorkshire, United Kingdom

風格：Old Ale/Barley Wine　濃度：11.9% ABV

特色：

Thomas Hardy 湯馬斯哈特是英國知名的作家，小說多以農村為生活背景。這款啤酒用了 Thomas Hardy 描述的一款啤酒作靈感，像這位偉大的作家表達敬意。這款啤酒自 2008 年停產後在市面上非常稀少，如果看到了快入手，千萬別猶豫不決。據 Ratebeer 表示，這款啤酒的陳年潛力驚人，至少有 26 年以上的實力！我曾在紐約的一間酒吧與它邂逅，其棕黑的色澤感覺神祕，先是深沈的太妃糖香氣，和雪莉酒般圓融的複雜香氣浮現，尾段一點酒精感，彷彿同一位學問深厚的學者對話，很適合夜晚邊飲用邊獨自沈思。

其它推薦：

Whitbread 酒廠，Gold Label Barley Wine，10%、Wells & Young's，Young's Old Nick Barley Wine Ale，7.2%、George Gale's & Co，Gales Prize Old Ale，9%、Cottage 酒廠，Norman's Conquest，7%、Robinson 酒廠，Old Tom，8.5%、J.W Lees & Co 酒廠，J.W. Lee Harvest Ale，11.5%

比利時，地處法、德、荷三國中間，面積不大，人口為台灣的一半，卻創造出178座釀酒廠，超過500種啤酒，成為傲視全球的啤酒王國。曾屬法國勃根地的比利時，感染了當地熱愛美食美酒的生活態度。然而更讓我欽佩的是，那些釀酒師們堅守傳統設備與辛苦的手工製程，將啤酒當成藝術品般細心雕刻，只為那份對啤酒的驕傲，浪漫之情不可言喻 。

Belgian Ale
比利時愛爾

比利時愛爾 高貴品味入門款

入門比利時啤酒，建議從最友善的比利時淡愛爾入手。它渾厚的麥芽味，苦味較低，最能品嘗出比利時酵母如香料、茴香、橘皮、肉桂味等特色……

雖然我們常以風格來定義啤酒，但這套定義在比利時啤酒上卻不太管用，因為「比利時」三個字就代表一種風格。剛踏入啤酒世界時，我不論到哪個酒吧都指明「比利時啤酒」，那股特殊的酵母香料味就像在宣示著比利時啤酒的高貴風範，彷彿這才是真正啤酒的滋味。多元口感從野生酵母新舊混釀的Gueze，到名聞全球的修道院啤酒，都說明了比利時啤酒的複雜性，正如其紛沓的歷史背景。比利時的四周強國環伺，一如朝鮮般戰爭紛擾不斷，但挫敗反而讓比利時人更加堅強頑固。現今北邊講荷蘭語，南邊講法文，南北兩邊各自釀造具傳統特色的區域性啤酒。還記得前年到首都布魯塞爾旅行時，明顯感受到啤酒與巧克力的文化。不僅布魯塞爾火車站旁的Cantillion釀酒廠是知名景點，大廣場（La Grand-Place）旁的地標建築內陳列著「釀酒設備大展」，廣場旁的咖啡廳更多以啤酒為號召。最出名的Delirium Cafe提供高達2400種啤酒選項，啤酒多到獲得金氏世界紀錄！另外一間Bier Circus則在週末夜晚擠滿了年輕人，店員用手高舉放滿多種顏色的啤酒與專屬酒杯的圓盤，光場面就令人熱血沸騰。

大都市雖然好玩，但比利時的鄉下區域才是愛啤人真正想去的寶藏之地，像西邊的法蘭德區就匯集了相當密集的釀酒廠，找的到歷史已有一百五十年的酒廠啤酒熟成木桶，也能看到傳統釀酒設備。

而當各國酒廠轉成現代釀酒設備時，南部的 Hainaut 區卻還有一些傳統小酒廠使用蒸汽加熱與二次大戰後留下時的開放糖化槽，彷彿將歷史鎖進啤酒的滋味裡。我認為，享用比利時啤酒是需要一點 Acquierd Taste（品味），尤其是風格如 Triple 或 Saison 這些有著台灣人不熟悉的香料味，如第一眼看到元素豐富的抽象畫難以理解，但看久了畫中的元素便逐一清晰起來，進而感受到其中的深度與奧妙。比利時啤酒以上層發酵的愛爾為主，酵母組成複雜常見味覺有果香、酵母香料味、茴香、胡椒辛辣感等，有時還因野生酵母而參雜皮革、濕毛巾、青苔、爛木頭味等有趣感受。瓶中二次發酵也是常見的特色，普遍用在修道院啤酒或傳統風格上，

一開瓶，泡沫便如香檳般狂湧而上，綿密細膩的泡沫在視覺上就很享受。另外加糖與加香料也是常見的釀酒手法，其中都伴隨著比利時人的釀酒祕密，絕不會輕易向外人透露。比利時啤酒雖然複雜，幸運的是，台灣進口商早就耕耘多年，讓台灣能喝到種類極多的比利時啤酒，甚至贏過日本，因此本章節的內容包含的啤酒也五花八門，無法逐一介紹，這點台灣人真的是太幸運了。入門比利時啤酒，建議先從最友善的比利時淡愛爾（Belgian Pale Ale）入手。這種啤酒是比利時在20世紀初為了力抗皮爾斯風潮，釀酒師們模仿英國淡愛爾所推出的淡啤酒風格，希望能成為比利時的大眾化風格，又被稱為 Specials Belges。它的顏色從橘紅至暗紅色，通常用上百分之百的麥芽，比英國淡愛爾有更渾厚的麥芽味，苦味較低，能品嘗出比利時酵母如香料、茴香、橘皮、肉桂味等特色，酒精濃度約5%上下，口感雖複雜喝起來負擔不大。

這款酒雖然在比利時很常見，但在台灣可能因辨識度不高，市面上反而少見，比利時最出名的淡愛爾 Palm Special 也是最近兩年才由 Pano Cafe 引進。其實它的果香與明顯的香料味讓搭菜顯得輕而易舉，尤其任何用西方香料醃製過的香腸、肉類、白色魚類等都非常對味，低酒精濃度也能讓人保持一定的優雅感。

啤酒的風格配角：杯具

比利時人有多為自己的啤酒自豪？光看環肥燕瘦高矮不一的酒杯就知道。比利時酒廠為了讓自家啤酒的特色完全發揮，酒廠會依據氣味、顏色、泡沫、口感等來設計酒杯。用對杯子，喝起來感覺就是特別專業優雅。台灣許多人以收藏比利時啤酒杯為樂趣，最經典有 Chimay 的矮寬酒杯、Duvel 的鬱金香杯、Cantillion 的笛子杯等，讓啤酒以最適當的衣裝呈現，光視覺上就是一種享受。

台灣極品 · 頂尖酒款

Palm Speciale

酒廠：Palm　　地區：Province of Flemish Brabant, Belgium

風格：Belgian Pale Ale　濃度：5.0% ABV

特色：

如果喝慣了比利時充滿個性的啤酒，可能會對淡雅的 Palm Special 不太習慣。Palm 是比利時最大的家庭獨立酒廠，歷史已達 250 年，背後有許多為人津津樂道的故事。Palm 在拉格當道的年代堅守 Ale 製造，並且不斷資助傳統酒廠的行銷與通路，例如 1981 年買下 Frank Boon 野生酵母啤酒廠 50% 的資本，接著又併購用百年木桶熟成啤酒的 Rodenbach 酒廠等，證明其獨到眼光。Palm Special 自 1904 年推出，用上含有高度碳酸鈣的自家井水，特別適合釀造淡愛爾。Palm Special 漂亮的琥珀色內帶出烘烤麥芽的甜味，且隱約嘗到橘子果醬、八角、餅乾等香氣，與英式啤酒花的藥草苦味，簡單愉悅且引人回味。

國外必飲 · 傳奇酒款

De Koninck

酒廠：De Koninck Brewery　　地區：Antwerp, Belgium

風格：Belgian Pale Ale　濃度：5.0% ABV

特色：

De Koninck 是比利時第二大城 Antwerp 最受歡迎的啤酒，在家鄉有著如 Newcastle 一般不可取代的地位，也是啤酒獵人 Michael Jackson 很喜歡的一款比利時淡愛爾。這款啤酒的原料比其他比利時啤酒相對簡單，沒有任何糖分或添加物，麥芽以皮爾斯與維也納為主，啤酒花用上 Sazz，與酒廠的傳家酵母。倒出有著濃厚的泡沫，香氣飄來凝聚的香料味，入口則品嘗出茴香、肉桂、杉木，與餅乾麥芽的氣味，每喝一口酒杯上就留下蕾絲般的泡沫。它的專屬酒杯有個特殊的名詞叫做 Bolleke，樣子像是半個橢圓形，如果見到這款酒杯，就代表 De Konick 離你不遠了。

STERK
VITTEL
TIGER

法蘭德斯棕愛爾
棕色酒體的輕盈浪漫

法蘭德斯棕愛爾類似 Lambic 的口感讓釀酒師發揮創意，加入比利時櫻桃或覆盆子至酒體內熟成，原本充滿棕色味覺的酒體多了水果的輕盈與浪漫……

如果提到比利時地域特色強烈的啤酒，法蘭德斯棕／紅愛爾絕對榜上有名。比利時分成南北兩區，Flanders 泛指比利時講荷蘭語的北區，Wallonia 則是講法語的南區，光看名字，就知道法蘭德棕或紅愛爾（Flanders Brown or Red Ale ）來自法蘭德斯區，兩者除了顏色差別，釀法也不相同，共同特色是酸味都很明顯。

法蘭德斯棕愛爾 Old Brown，發源自法蘭德斯東區，比利時話為 Oud Bruin，又以 Oudenaarde 小鎮為棕愛爾的首都。酒體之所以為棕色，是因為釀酒師加入烘烤過的麥芽讓酒體有著焦糖、巧克力、核桃等風味，接著以特殊的愛爾酵母與類似野生酵母的酸菌種發酵，放入不鏽鋼桶內熟成多時，讓酒體帶出另類卻迷人的野生風味。釀酒商 Liefmans 旗下的一款 Goudenband 更將四個月的新酒與至少一年以上的老酒混合，不僅保留新酒的果酸與焦糖氣息，還多了老酒如野生酵母帶來濃烈的發酵乳與皮革香氣，讓人聯想到上等的黑雪利酒。

法蘭德斯棕愛爾類似 Lambic 的口感讓釀酒師發揮創意，加入比利時櫻桃或覆盆子至酒體內熟成，原本充滿棕色味覺的酒體多了水果的輕盈與浪漫，年輕一代也更能接受這種不像啤酒的啤酒。棕愛爾也因為焦糖、烘烤味等味覺元素，很適合搭配牛肉類料理，其如乳酸菌般的味覺能搭配熟成多年的老起司。如果喜歡動手做，不妨學學啤酒獵人 Michael Jackson，將法蘭德斯棕愛爾加入燉牛肉中，作成“Carbonade Flamande”，酒中的酸度會將肉質變嫩，整鍋料理因此更鮮美入味呢。

台灣極品‧頂尖酒款

Goudenband

酒廠：Brouwerij Liefmans　地區：Oudenaarde, Belgium

風格：Flanders Brown Ale　濃度：8.00% ABV

特色：

Liefmans 位在以棕愛爾為出名的城市，Oudenaarde，這家歷史悠久的老酒廠史至少追溯到 1679 年，在 2008 年被生產 Duvel 聞名的酒廠 Duvel Moortgat 收購，瓶身上的漂亮包裝紙給人美好的第一印象，像要送禮物一般精緻！ Liefmans 最出名的為 5% 的基本酒款 Oud Bruin，與新舊酒混釀的 Goudenband。前述提到，Goudenbond 是很耗時間的酒款，將熟成 4 個月和至少 1 年以上的啤酒混合，釀出一瓶不像啤酒的啤酒！成品有如雪利酒般，擁有葡萄酒般的酸味、烘烤味、鹹味、肉荳蔻等異國風味，尾勁滑出了帶鐵味的酸香，讓我聯想到老男人慵懶抽雪茄的畫面，第一次飲用的酒客鐵定會不習慣。

Petrus Oud Bruin

酒廠：Brouwerij Bavik　地區：Bavikhove, Belgium

風格：Flanders Oud Bruin　濃度：5.5% ABV

特色：

每當我跟朋友說在喝“Petrus”時，大家都會嚇一大跳，其實我指的是平易近人的 Petrus 啤酒，而非昂貴的葡萄酒。這款啤酒用上兩款啤酒混釀，由淡啤酒與其中一種在木桶熟成了 20 到 24 個月的深色酒，啤酒有著濃郁的泡沫，飽滿的口感如巧克力、香草、木桶等滋味。

Liefmans Kriekbier

酒廠：Brouwerij Liefmans　地區：Oudenaarde, Belgium

風格：Fruit Lambic　濃度：6.0% ABV

特色：

Liefmans 旗下的櫻桃啤酒用傳統的 Lambic 做法，先以 Liefmans 的 Oud Bruin 為基酒，讓比利時櫻桃待在熟成桶內至少六個月以上的時間，果肉逐漸化解掉，接著在進行新舊酒混釀。據說 Liefmans 水果啤酒的熟成槽的面積又寬又扁，人員得跑進熟成槽內將櫻桃舖平，用辛苦換來美味。這款大小如香檳酒瓶般，用上軟木塞的櫻桃酒有著如香檳般的泡沫，清爽迷人，滿嘴的野生酵母菌般的酸味與櫻桃冰淇淋的香水味，尾韻透出木頭與核桃味，彼此完美的取得平衡。還記得我上次姊妹們的聚會，所有女孩子們都驚訝這款櫻桃啤酒「不甜，又好好喝」的美味，而且價格在古登啤酒店只要 350 元，差不多一隻入門款香檳酒的 1/3。

法蘭德斯紅愛爾
木桶熟成的勃根地體驗

暗紅的色澤，奶油與醋般的酸香飄上鼻尖，入口圓滑豐潤，有著皮革與紅果實醋般的酸香，尾韻帶出木桶熟成的奶油氣息……

法蘭德斯紅愛爾主要集中在法蘭德斯西區的 West Flanders，其如水果醋一般的果酸滋味常讓人有在喝紅酒的錯覺，又被稱為「比利時中的勃根地」。紅愛爾的最大特色就是放入了木桶內熟成，且保留了 19 世紀英國新舊啤酒的混釀技術，帶出深沈又活潑的酸香滋味。

紅愛爾的代表酒廠 Rodenbach 位在優美小鎮 Roseselare，廠內有三百多個高至天花板的巨大木桶，整齊排列在酒窖內，堪稱世界啤酒廠第一奇景。紅愛爾的顏色主要來自特殊手法烘烤的焦糖麥芽，酒體先在不鏽鋼桶內發酵一個月後，便移到了未經處理的大木桶內熟成，時間從數個月到兩年以上。這些經過歲月洗練過的木桶充滿了多種神祕的微生物，像是野生酵母與乳酸菌 Acetic acid，讓酒體產生多種奇妙的味覺，住的時間越久，變化也就越大。

Rodenbach 的年輕款是用 75% 的新酒搭上 25% 的老酒混合，入口酸味明顯，如百香果與優格果醋一般，帶出一點點木桶滋味。Grand Cru 最能喝出紅愛爾的木桶特色，用上 67% 的老酒與 33% 的新酒混合，倒出來帶出暗紅的色澤，奶油與醋般的酸香飄上鼻尖，入口圓滑豐潤，有著皮革與紅果實醋般的酸香，尾韻帶出木桶熟成的奶油氣息，宛如穿著成熟優雅的熟女般，令人難以招架。法蘭德斯紅愛爾的酸度很適合海鮮的鮮味，與比利時著名的煮淡菜正好絕配！其他搭配像蒸花蟹，也有如在上頭擠檸檬般，酸味抵消了海鮮的腥味，連醋都不用沾了。它的酸度跟濃郁的蛋料理特別契合，無論蛋餅、蛋卷都可以試試看。

台灣極品 · 頂尖酒款

Rodenbach

酒廠：Brouwerij Rodenbach N.V.　地區：Roeselare, Belgium

風格：Flanders Red Ale　濃度：5.2% ABV

特色：

Rodenbach 家族從 1836 年開始就釀造傳統的紅愛爾，1998 年被 Palm 集團併購也不改初衷。酒廠內 300 多個巨大的木桶氣勢逼人的排列在地窖裡，還有專門的木工團隊照顧。年輕版的 Rodenbach 是用 75% 的新酒搭上 25% 的老酒混合，聞起來充滿著酸果香如百香果、檸檬、紅醋等，入口卻不如想像中的刺鼻，反而酸甜混合且夾雜著一點木桶香，清爽又美味。位於永康街的比利時連鎖咖啡廳 Pano's Café 帶來了這款傳奇啤酒 Rodenbach 的生啤，口感比瓶裝更清爽。Rodenbach Grand Cru 的口感則如上述，具備深度的優雅感，是許多人包括我在內最喜歡的啤酒之一。

Duchesse de Bourgogne

酒廠：Brouwerij Verhaeghe　地區：Vichte, Belgium

風格：Flanders Red Ale　濃度：6.00% ABV

特色：

酒標上宛如中古世紀畫作的女士，增添了這款啤酒內斂的嬌媚。Brouwerij Verhaeghe 是傳統的家庭小酒廠，Verhaege 家族從十六世紀就開始釀酒，酒廠幾度遷移，如今專門以釀造特殊啤酒為主。Verhageghe 的法蘭西斯紅愛爾依足傳統做法，分別將放在木桶 18 個月與 8 個月的新舊啤酒混和。倒出時有很漂亮的泡沫，口感滑順卻複雜，帶出百香果與巧克力的滋味，尾勁有著綿延悠遠的酸乾口感。酒廠只有出產三款啤酒，分別是沒有經過混釀的新酒 Vichtenaar，與酸櫻桃啤酒，評價都不錯。

Saison
農夫私釀的創意精選

早期的 Saison 為非專業酒商的農夫所釀製，手邊材料都可能成為原料，這也讓許多後輩釀酒師仿效尤之，發揮創意加入各種果實或新奇香料，大吃 Saison 豆腐……

「只有親自拜訪過比利時南邊，才能真的瞭解 Saison」這是 Fantome 的鬼才釀酒師 Dany Prignon 所下的註解。Saison 出產於比利時南方 Wallonia，邊界緊鄰法國，當地的農村景色如詩如畫，丘陵山巒起伏中座落著古老的城堡與教堂，人與大自然和平對話，孕育出 Saison 農夫啤酒的質樸滋味。

Saison 是法語中季節之意，發源於 Wallonia 的 Hainault 區，最早是當地農夫釀製給自己喝的啤酒，又簡稱為 Farmhouse Ale（農舍愛爾）。古時候沒有冰箱，農夫習慣在休耕的冬天釀製夏天喝的酒，放一整年，農忙時能讓精神為之一振。夏天天氣又熱，因此啤酒花放的多，有時會加入野生酵母一同發酵。既然是非專業酒商的農夫釀製，早期的 Saison 沒有所謂的一致性，手邊材料如裸麥、香料、草藥、果實等都有可能成為原料，也讓許多後輩酒廠仿效尤之，加入各種如野生小麥、檸檬草、杜松果、無花果等各式新奇香料，釀酒師發揮創意，口味上也不固定，大體上 Saison 酒精濃度約 6% 上下，酵母多有特殊的味道，顏色呈黃棕色，強調不甜且乾爽殺口的酒體，加上檸檬、柑橘、

啤酒花苦香、香料味，與野生酵母產生的皮革等香氣，其豐富的鄉村滋味，給人粗獷複雜的印象。傳統上 Saison 通常用香檳般的軟木塞和鐵絲綁住瓶口，裝瓶前先加糖至未殺菌的酒體內進行瓶內二次發酵，經過一至兩年的陳放期會讓滋味越放越圓潤。Saison 的酒廠也多保留了傳統器具如 Dupont 的開放糖化槽與直火加熱滾沸等，都成了 Saison 無可取代的質樸特色。Saison 多元的味覺跟許多菜都成最佳拍檔，乾爽的檸檬香與香料味，能輕易與任何菜餚找到相似點，尤其與各種起司，甚至有臭襪子味的洗浸乳酪都顯得非常契合，跟台灣的臭豆腐也是絕配，釀酒師 Garret Olivier 在書中提到，他在家裡總是會存一箱 Saison，隨時方便配菜飲用。如果能望著比利時南方的農村風光，邊喝著 Saison，吃著當地的肉盤與起司，肯定死而無憾了！

台灣極品 · 頂尖酒款

Saison Dupont

酒廠：Brasserie Dupont sprl　地區：Tourpes, Belgium

風格：Saison/Farmhouse Ale　濃度：6.5% ABV

特色：

不少人第一次喝 Saison，都是從 Dupont Saison 入門，它的高品質替 Saison 設下了超高標準。這個家庭酒廠是標準的農村酒廠，堅守著傳統的釀酒方式，連滾沸與發酵槽都是銅或鐵製做的古老器具，加熱也是少見的直火加熱，最特別的是在瓶中發酵 6 ～ 8 個月後才出廠。光在鼻尖上就能感受到它的農村魅力，如蘋果皮、檸檬皮、黑胡椒、八角、胡荽等。除此之外，入口爆發的乾爽感與加乘的柑橘、藥草，與酸氣等，都讓人難以忽視。Saison 也出產其他備受好評的強愛爾，像是 Moinette 或 Avec Les Bon Voeux，也有黑色的 Saison 等，每種都是值得追捧的好啤酒。

國外必飲・傳奇酒款

Fantome Saison

酒廠：Brasserie Fantome　地區：Soy, Belgium

風格：Siason/Farmhouse　濃度：8.00% ABV

特色：

Fantome 位在 Wallonia 上極為難找的一個小鎮 Soy，瓶上微笑的鬼精靈一如 Fantome 的釀酒師 Dany Prignon 般古靈精怪。Fantome 以製作 Saison 起家，Dany 喜歡用上大量的香料與草藥，創造出與眾不同的 Saison。Fantome 的啤酒以柑橘香味，伴隨著濃郁的農舍大地味覺，滋味會隨著溫度而產生很大的變化，冷的時候像香檳般清爽且具新鮮的柑橘味，溫度較高時就產生出較多的香料與皮革氣味，多變樣貌在這幾年累積了不少人氣。Fantome 的啤酒產量極小，且市面上很少流通，我曾在加拿大看到後，二話不說馬上打了兩瓶回家。

Birra Baladin Nora

酒廠：Le Baladin brewery　地區：Piozzo, Italy

風格：Saison　濃度：6.8% ABV

特色：

義大利以釀造美好的葡萄酒聞名，然而精釀啤酒廠近年來也開始在北義區域發芽，在年輕人之間尤其大受好評。其中精釀酒廠的佼佼者，便是近幾年逐漸在國際闖出名聲的 Birra Baladin。位在皮蒙特區的小城鎮，釀酒師 Ted Musso 曾在比利時釀酒廠工作，旗下啤酒都帶著比利時風格的影子，大手筆的運用各式各樣的香料。其中仿 Saison 風格的 Nora，便加入了源自埃及的卡姆小麥，並用多種草藥與薑來代替啤酒花，一如早年 Saison 農夫將手邊的草藥丟進去釀啤酒一般。Nora 入口極為乾爽，多了種樹皮的木頭香氣，層次鮮明，展現出 Ted Musso 特立獨行的釀酒思維。

其它推薦：

Brasserie 酒廠，Saison De Pipaix Vapeur，6% 、Kleiu Brouwerij 酒廠，Saison D'erpe Mere，6.9%

法國啤酒
北方小鎮的大地風味

法國啤酒最早如同 Saison 一般，在冬春時節釀造，夏天飲用。其顏色多變，從金黃、紅銅至棕色都有，口感柔和飽滿，強調泥土香氣與麥芽的甜美氣息……

法國一向以葡萄酒出名，盛名的光環下，很少人會注意到法國的啤酒。是的，法國也出產美味的啤酒，從比利時南邊開車過了比法邊境到 Nord-Pas-de-Calais 區，鄉村的景致依舊，但農舍啤酒卻從 Saison 變成了 Bier de Garde，味道也跟著改變。

早期法國北方的鄉鎮有許多生產 Bier de Garde 的小型家庭酒廠，產量不大。七〇年代前一度式微，之後 Jenlain 酒廠讓此風格復活，深受大學生喜愛，成了文化復興的代表。Bier de Garde 最早如同 Saison 一般，在冬春時節釀造，夏天時飲用，如今除了一般愛爾外，有些還用下層發酵的 Lager 酵母發酵。多變的顏色從金黃色、紅銅色至棕色都有，強調泥土香氣與麥芽甜美氣息。雖然跟 Saison 兩者都是農夫釀的酒，但滋味卻有差別，Bier de Garde 相較於 Saison，滋味沒那麼乾爽，口感更柔和飽滿，麥芽味更甜，不變的是那股大地鄉村的濁味感。就像鄉下女孩穿戴法式的小洋裝，少了一點土味卻多了幾分甜美感覺。

台灣極品 · 頂尖酒款

3 Monts Blond

酒廠：Brasserie De Saint-Sylvestre　地區：Saint Sylvestre Cappel, France

風格：Bier de Garde　濃度：8.5% ABV

特色：

3 Monts 就是 3 個山丘的意思，當地村落非常平坦，3 個小山丘就成了村莊的明顯地標。Sylvestre 的釀酒師依照村莊從前修道院的舊酒譜，打造了這一款 Bier de Garde。這款啤酒是刻意為金黃色的 Bier de Garde，有著如芭比娃娃髮色般的漂亮金色，泡沫感綿密到有種華麗感，香水般的甜味遠遠就能聞到。入口除青蘋果、梨子、麵包味之外，還多了一點香料味，尾勁的草藥味透著一點花香，柔和之際隱含著 8.5% 酒精的力道！台灣的大潤發有時夏天 會進口這款啤酒，如果看到了就千萬不要放手！

國外必飲 · 傳奇酒款

Jenlain AmbreIe

酒廠：Brasserie Duyck　地區：Jenlain, France

風格：Bier de Garde　濃度：7.5% ABV

特色：

沒有 Jenlain 的推廣，Bier de Garde 這種風格早就消失在地球上。Brasserie Duyck 已 1922 年發明的 Jenlain Ambre'e 出名，最早由一群學生追捧後漸漸闖出名號。這款啤酒有標準的法國味，如香檳般裝在軟木塞瓶蓋的大瓶裝，選用法國出產的麥芽，與阿爾薩斯種植的啤酒花等，帶出焦糖、梅乾、花香等宜人味覺。適合的溫度反而在偏低的 6 ～ 8 度中間，才能品嘗出魅力。台灣的橡木桶酒商曾經引進這款法國啤酒，到日本的京都也能買到。

修道院啤酒
僧侶創造的釀酒文化

古時候的飲用水衛生不佳，酒則煮沸殺菌後又經發酵，相對安全許多。釀酒也成為修道院一份穩定的收入來源，修道士習慣用上好的原料釀造啤酒，自然產出上好品質……

在不少人的心中，比利時啤酒就跟修道院啤酒劃上等號。不過台灣的和尚一向葷酒不沾，怎麼歐洲的修道士反倒喝起酒來了？更誇張的是，歐洲修道士還是備受推崇的釀酒專家！由於歐洲南方產葡萄，北方產大麥，地理位置偏北方的修道院就傾向釀造啤酒。這並非修道士們天生愛喝酒，而是古時後的飲用水衛生不佳，而酒煮沸殺菌後又發酵，相對安全許多。釀酒更給了強調自給自足修道院一份穩定的收入來源。修道士們不貪圖錢財又心無旁騖，習慣用上好的原料實實在在安靜的釀造啤酒，自然而然出產上好品質。

這群名為 Trappist 的釀酒僧侶是天主教的一個分支，主張儉樸沈思的生活，最早定居於法國北部的諾曼第區，第一個修道院名為 La Trappe，簡稱為 Trappist。法國革命後，修道院紛紛移到北方的比利時或荷蘭定居。目前只有符合以下三樣規定才能得到「正宗修道院產品」“Authentic Trappist Product”

的標章：一、在修道院的圍牆內製造啤酒，二、由修道院提供器材與釀酒方法，三、賺的錢用在修道院或社區服務上，以上三種規定缺一不可。目前拿到修道院啤酒認證的修道院六間座落在比利時，一間在荷蘭，分別是 Achel、Chimay、Orval、Rochefort、Westmalle and Westvleteren，加起來總共出產 20 多種啤酒。那麼又該從哪一種開始呢？

與其將 Trappist Beer 比喻成一種風格，更像是一個大家族內有十幾個成員。這些成員的共同特色為上層發酵的啤酒，不殺菌，多半加入液體白糖或黑糖在麥汁裡發酵，之後再進行瓶中二次發酵。最平易近人的為 Blonde，酒精濃度約 5 ～ 6％的金黃愛爾，也是僧侶一般日子最常喝的酒；最鮮明的風格為 Dubble 和 Triple。Dubbel 呈現深咖啡色，濃度往往在 6.5 ～ 7%，在淺色與深色麥芽之外也加了棕糖增色，讓口感豐潤甜稠卻乾爽，通常帶出葡萄乾、焦糖、巧克力、萊姆酒、香料的口感；Tripple 酒精濃度最強，卻擁有純真的金黃色澤，酒精濃度往往在 9% 以上，不常喝酒的人喝完一瓶就醉倒了！口感上偏重花香、藥草味，混合著胡椒味、丁香、月見葉等各種香料的味覺，並有著強烈的酒精感，第一次喝或許會不太習慣，待功力漸深就能體會美感。

修道院啤酒標示有幾種，一是直接標明 Blonde，Dubbel 或 Tripple，Blonde。二是數字分類酒精濃度，如 Rochefort 6、8、10，大致以麥汁濃郁程度來分，Rochefort 6 或 8 類似 Dubble 風格，Rochefort 10 則是將 Dubble 變成更濃烈版本的「比利時強棕愛爾」，又名 Quadrupel，有更多麥芽味，香氣更加複雜誘人，當然酒精感也跟著增強，另有有藍色 Chimay、Westvleteran 12 等。最出名的修道院啤酒，Chimay 則穿上紅、白、藍的衣裳，紅色仿 Dubble，白色仿 Triple，上述的藍 Chima 則是最受歡迎的一款啤酒。

唯一一款 Orval 則沒辦法歸類到任何一類，獨樹一格，算是家族中的格格不入的異類。

修道院啤酒的高超之處，在於許多酒精濃度雖高，酒體卻輕盈乾爽，彷彿做了場美夢般毫無牽掛！我曾經認為優雅又個性十足的修道院啤酒是適合單獨享用的啤酒，之後才發現這也是配菜的優勢之一，像是 Dubble 的焦糖葡萄乾味，與 Triple 的藥草香料味等，前者適合燉牛肉或港式烤乳豬等，後者則與香料入味的海鮮或烤雞相合。Chimay 修道院的咖啡廳更將 Chimay Blue 作成醬汁，與煮野鴨肉相搭配，在專屬杯具的相襯下，餐桌上的氣氛就如回到古老歐洲時光般高雅。

台灣極品 · 頂尖酒款

Westmalle Tripple

酒廠：Abdij Trappisten van Westmalle　地區：Westmalle , Belgium

風格：Tripple　濃度：9.5% ABV

特色：

Westmalle 一向被認為是修道院啤酒的模範生，在 1919 年出產的 Triple 成為此種風格的先鋒，替往後的 Triple 設下了超高標準。Westmalle 強調使用上好原料，包括來自夏天採收的大麥、整粒啤酒花等，三種啤酒分別為 Westmalle Extra、Westmalle Dubble、Westmalle Tripel，後兩款都在瓶中二次發酵二至三個禮拜後才出廠。它的 Tripple 口感優雅又有力道，像跟氣質莊嚴的僧侶長老打交道。一倒入瓶內，豐沛有活力的氣泡蜂擁而上，在杯間留下細緻的蕾絲泡沫，鼻尖感受到美妙的檸檬、柑橘與啤酒花香，入口清澈的口感溢滿了的柑橘果香、藥草、啤酒花香，層次優雅迷人，絕對是一款世界級的美味啤酒。

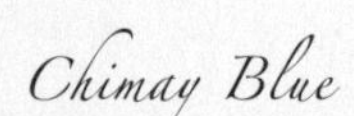

Chimay Blue

酒廠：Biere de Chimay S.A.　地區：Province of West Flanders, Belgium

風格：Belgian Strong Dark Ale　濃度：9.00% ABV

特色：

Chimay 是全世界最出名，也是目前產量最大的修道院啤酒。Chimay 用上自家獨特的酵母，產生出獨特杏桃與香料的口感，紅色類似 Dubble 風格，白色類似 Triple，藍色則是最經典的「強棕愛爾」口感，酒精多達 9%。Chimay Grand Reserve 是藍色瓶身的 750ml 版本，瓶蓋用軟木塞和鐵絲塞住，具有最佳的陳年潛力，至少要五年才達到最佳狀態。這款啤酒有深色水果如李子、梅子般的麥芽甜味，浮現淡淡的黑胡椒、肉豆蔻、香料味等，尾勁有波特酒的甘美，這也是唯一一款瓶身上註名年份的啤酒，放越久越值錢。

Trappistes Rochefort 10

酒廠：Brasserie de Rochefort　地區：Rochefort, Belgium

風格：Belgian Strong Dark Ale　濃度：11.3% ABV

特色：

Rochefort 的釀酒室據說是修道院中最漂亮，位在小鎮 Rochefort 上。Rochefort 共有 6，8，10 三種啤酒，數字依麥汁濃度增高。釀酒師選用來自世界各地的優質麥芽，加入黑蔗糖發酵後，再以相同酵母瓶中二次發酵。我最喜歡的 Rochefort 10 進入 Ratebeer 網站世界前十名的啤酒排行，美味世界公認。這款啤酒的酒精濃度是嚇人的 11.3%，但也提供對等的複雜度。瓶中發酵讓泡沫如香檳般驚人，色澤呈現深邃的紅棕色，酒體飽滿黏膩，鼻尖與口感有著葡萄乾、棗子、李子、無花果、雪利酒、黑巧克力等，風采迷人，尾勁留下滿嘴的焦糖苦香，像一塊手工焦糖在嘴巴融化般，令人回味不已。

Orval Trappist Ale

酒廠：Brasserie d' Orval　地區：Villers-devant-Orval, Belgium

風格：Belgium Pale Ale　濃度：6.9% ABV

特色：

Orval 在修道院啤酒家族裡絕對是格格不入的異類。它座落在比利時南方的盧森堡區域，名稱背後有一段有趣的小故事：公主為了尋找失去的戒指，向上帝發誓要蓋一座修道院，沒想到奇蹟出現，一條樽魚竟含著金戒指游到公主面前！ Orval，翻譯成黃金村落，就在如此傳奇的故事中誕生。修道院只出產兩款啤酒，一款是不對外販賣的 Petit Orval，另外一款則是傳奇的 Orval。它的滋味跟 Dubble 或 Triple 都不同，熟成階段加入了冷泡啤酒花程序，並在瓶中發酵加入野生酵母種熟成數月。金橘色的啤酒入口非常乾爽且帶酸，先是檸檬皮與柑橘香味，接著飄出不熟悉的濕土壤、皮革、月見葉等口感，硬挺的啤酒花香讓苦味持續許久，像是讓人又愛又沒轍的的搞怪姑娘，最後欣然接受。

Trappist Achel 8

酒廠：Brouwerij der St. Benedictusabdij de Achelse　地區：Hamont-Achel, Belgium

風格：Dubbel　濃度：8% ABV

特色：

Achel 修道院的釀酒設備在第一次世界大戰被德國軍隊拆毀，直到 1998 年才重新恢復釀酒，是最新也是產量最小的新修道院啤酒成員。Achel 請來曾在 Westmalle 修道院釀酒的湯姆士兄弟，並帶來了 Westmalle 的祖傳酵母，確保了 Achel 的好品質。市面上流通的 Achel 瓶裝啤酒共有四種，包括白色瓶蓋的 Achel 8° Blonde，黃色瓶蓋的 Achel 8° Bruin，與酒精濃度最高的 Achel Trappist Extra 等。前兩款酒皆為 8%，Achel 8° Blond 有著香甜的麥芽味、梨子果香與具香料味的尾韻。Burin 則衝出濃厚深色水果的滋味，多了甘草與八角的香味。高達 10% 的 Extra 是強棕愛爾 (quadrupal)，黑色果香與香料味更加濃郁。Achel 修道院內有住宿，提供旅客直接取自發酵槽，只有 5% 的金黃與棕色愛爾，想必是極為難得的旅遊體驗。

La Trappe Dubble

酒廠：Brouwerij De Koningshoeven　地區：Tilburg, Holland

風格：Dubble　濃度：7.00% ABV

特色：

Koningshoeven 是唯一一間位在荷蘭的修道院啤酒廠，接近比荷邊境，是景致極為優美的一間修道院啤酒廠。它曾經一度跟商業酒廠合作太密切，而失去修道院啤酒標章，直到 2005 年又重新取得。旗下啤酒用 La Trappe 作為品牌，產品多元，除了標準的 Blonde、Dubble 與 Tripple 之外，還生產小麥、巴克啤酒 (Bockbier) 等，跟一般活躍的酒廠沒兩樣。Bravo 老闆 Simon 最喜歡的就是 La Trappe 的 Dubble，入口輕盈卻有豐富的味覺，香料味般的胡椒與丁香滋味，帶著一絲絲的酸味與巧克力香氣，伴隨著高度細膩的氣碳，在口中毫無負擔的享用。2010 年又推出過木桶啤酒，將強棕愛爾 (Quadrupel) 放入波特木桶、威士忌木桶，或葡萄酒木桶等，想必今後的 La Trappe 品牌還會更加活躍。

國外必飲 · 傳奇酒款

Trappist Westvleteran 12

酒廠：Brouwerij Westvleteren,　地區：Vleteran, Belgium

風格：Belgian Strong Dark Ale　濃度：10.20% ABV

特色：

Westvleteren 是世界上最傳奇的啤酒之一，最早它拒絕任何商業化的通路，消費者只能開車到修道院購買且限制兩箱，成為口耳相傳的夢幻啤酒。它低調的外觀只在瓶蓋上才看出端倪，分別用黃、藍、綠色來標明酒精濃度，一共出產三款啤酒，分別是 Westvleteren Blonde 金黃啤酒，風格為 Dubble 的 Westvleteren 8，與風格為強棕愛爾的 Westvleteren 12。Westvleteren 12 曾多次在啤酒網站被票選為世界第一，跟 Westmalle 修道院用同一款酵母。我曾在日本的目白田中屋以將近 1000 元台幣的價格買到 Westvleteren 12，深棕的酒色帶出深沈的麥芽、太妃糖香氣外，意外有著櫻桃、覆盆子、草莓等亮麗紅水果滋味，反差強烈，當然奇貨可居的因素也替口感加分。 2012 年因為修道院需要經費整修，這款酒接下來會在美國超市販售八萬個限量禮盒，讓更多人有機會一親芳澤。

愛比酒
修道院風格的復刻實踐

愛比酒與修道院啤酒有許多共同之處，雖然愛比酒聽起來很像修道院啤酒的副牌，事實上有些愛比酒的品質與名氣不輸給修道院啤酒，故事也相當精采……

愛比 Abbey 的意思是僧侶，廣義來說，只要酒名扯上修道院與僧侶聖人等，一概稱之為 Abbey Beer 愛比啤酒（Abbey 為修道院之意）。雖然僧侶是最認真的釀酒師，但畢竟釀酒需要龐大的設備與精神，有些修道院就把釀酒權交給商業酒廠。1999 年後，比利時釀酒師協會規定只有跟修道院有互動合作的酒廠，才能在瓶身展示“Certified Belgian Abbey Beer”愛比酒認證標籤，2011 年總共有 18 家列入認證。

愛比酒跟修道院啤酒相同，引述前話，共同特色為上層發酵的啤酒，不殺菌，多半加入液體白糖或黑糖在麥汁裡發酵，之後再進行瓶中二次發酵的強愛爾，風格如 Dubble、Triple、Quadruple。雖然愛比酒聽起來很像修道院啤酒的「副牌」，事實上有些愛比酒的品質與名氣不輸給修道院啤酒。像 St. Bernardous 12 與世界第一的 Westvleteran 12 使用同一款酵母，兩者味道很類似；目前被 Heniken 收購的 Affligem，曾經是法國大革命後少數回復釀酒的修道院，對於推廣啤酒花到英國貢獻甚大；前在 Duvel 旗下的

Marderous 愛比啤酒，則是 Michael Jackson 最愛的一款修道院啤酒之一等，愛比酒的故事絕對同樣精彩。

新世界也有許多酒廠跟修道院沒關係，純粹以釀造造修道院風格為榮，一概稱之為 Abbey-Style Beer（愛比風格的啤酒）。美國最出名的精釀酒廠如 New Belgium 或被 Duvel 收購的 Ommegang 與後起之秀 Lost Abbey 等，台灣也有北台灣釀酒廠，都勇於挑戰高難度的愛比風格，並預計在 2013 年嘗試 Triple 風格，我試喝過，美味可期。也讓修道院啤酒不止拘限於比利時，而在新世界激盪出更多火花。

台灣極品 · 頂尖酒款

Leffe Blond

酒廠：Abbaye de Leffe S.A.　地區：Dinant, Belgium

風格：Belgian Strong Pale Ale　濃度：6.6% ABV

特色：

Leffe 是世界上最有名且第一支商業化的的愛比酒（Abbey beer)，早期是一間修道院，在十九世紀曾以打造手工啤酒聞名，然而第一次世界大戰期間釀酒設備全被融化作為軍火，第二次世界大戰後由 Lootvoet Brewery 幫忙釀造啤酒，之後被 Interbrew 買下。Leffe 的啤酒幾乎都不做瓶中發酵，跟其他愛比酒相比下滋味較為清澈。最基本的 Leffe Blond 是旗艦酒款，另外有 Brune、Triple 9 共六款。Blond 甜美的麥芽先是第一印象，接著帶出丁香與香蕉的滋味，尾勁有著酒精與乾藥草味的乾爽感，表現中規中矩，清爽的味覺很適合豔陽下飲上一口。

St. Bernardous Abt 12

酒廠：Brouwerij St. Bernardous NV　地區：Watou, Belgium

風格：Quadrupel　濃度：10.5% ABV

特色：

St. Bernardous 釀酒廠跟 Westvleteren 有一段兄弟情緣，最早以起司工廠起家，之後幫 Westvleteren 釀酒並以其名發售修道院啤酒，直到 1992 年才合作結束。St. Bernardous 不止跟 Westvleteren 用上同一款酵母，甚至有人認為 Bernardous 12 跟 Westvleteren 12 的口感相差無幾。St. Bernarodus 旗下有多款啤酒，從 Blonde、Dubble、Triple，甚至小麥啤酒等。最出名的 St. Bernardous 12 為濃郁的深棕愛爾 Quadrupel，濃郁的果香撲鼻，質感油滑，帶有甜蜜的椰子白蘭地酒的味感，收尾溫暖又清爽。幸運的是 Bernardous 12 在台灣並不難找，如果買不到 Westvleteren 12，那就喝 St. Bernardous 12 過過癮吧！

Steenbrugge Trple Blonde

酒廠：Brouwerij Palm NV　地區：Steenhuffel, Belgium

風格：Triple　濃度：8.7% ABV

特色：

Steenburgge 是 Palm 集團底下的 De Gouden Boom 跟 Steenbrugge 修道院合作推出的啤酒，在 Panos Café 就能買到全系列的 Steenbrugge 愛比啤酒，旗下共有小麥 Witte、Blonde、Triple、Dubble Bruin 四款，表現都可圈可點。Steenbrugge Tripple 帶出標準的金黃色，鼻尖上的香味十分具有想像力，入口時卻乾爽到讓人嚇一跳，飄出濃郁的藥草、香料、啤酒花等滋味，苦味結實鮮明且綿延不斷，在嘴中留下藥草香與些許的酒精感。這款酒讓我想到不多說一句廢話的中年僧者，給人很嚴肅的印象。

Witkap-Pater Triple

酒廠：Brouwerij Slaghmuylder　地區：Ninove, Belgium

風格：Triple　濃度 : 7.5%

特色：

Witkap-Pater Triple 是世界上第一款 Triple，由曾擔任 Westmalle 的釀酒師 Henrik Verlinden 於 1920 年代發明，如今名號由 Slaghmuylder 酒廠延續。Slaghmuylder 酒廠的主人原為穀粒廠商的兒子，娶了釀酒家族的女兒後，於 1926 年買下老酒廠重新打造，並在 1979 年接手 Witkap 系列，歷史悠長。這款啤酒低調輕盈，沒有大鳴大放的麥甜，反而在乾爽不甜中帶出隱約的熟果香與細膩鮮明的香料味，尾段浮現石油般的圓滑酒精感，紐約時報曾在 2005 年將其列入世界十大啤酒第八位。在台灣相較於 Westmalle，名氣不高，滋味卻很不賴。

Maredsous 8

酒廠：Brouwerij Duvel Moortgat　地區：Buggenhout, Belgium

風格：Dubble　濃度：8.4% ABV

特色：

Maredous 修道院的地點最早是巴伐利亞僧侶的聚集地，在 1878 年正式成為修道院，1963 年跟生產 Duvel 出名的 Moortget 釀酒廠合作，釀造出備受好評的高品質修道院啤酒，也是啤酒獵人 Michael Jackson 最鍾愛的愛比啤酒之一。Maredsous 的啤酒用數字標明酒精濃度，旗下共有 6、8、10 三款，在 BA 網站上分數最高的 Maredsous 8 聞起來帶點紅色果實的酸香，氣泡非常細膩，入口先是鮮明的脆梅酸味，後段標準的焦糖甜味、萊姆酒等 Dubble 滋味才跟著浮現，同時帶著一點煙燻味，酒精濃度雖高卻酒體輕盈，擁有讓人毫無負擔的味覺。

Affilgem Blond

酒廠：Brouwerij Affligem　地區：Opwijk, Belgium

風格：Belgian Strong Pale Ale　濃度：6.7% ABV

特色：

我最早接觸到的前幾支比利時啤酒之一就是 Affilgem Blond，那滋味宛如走進了秀氣高雅的花園。Affilgem 修道院曾經是比利時歷史上很重要的修道院，更間接將啤酒花傳到了英國，早期啤酒在 De Smedt 釀酒廠釀製，之後被海尼根團體收購後酒廠改名為 Affilgem。旗下有三款愛比酒，Blonde、Dubble、Triple。它的 Blond 有著清爽的果香餘味，檸檬、橘子、杏桃尾勁透露出清爽的麥芽感與香水滋味，或許就是那股香水味讓當時的我中了魔法。Affilgem 釀酒廠也替 Postel 修道院出產愛比酒，同樣生產 Blond、Dubble、Triple 三種啤酒。

Bete Blanche Belgian-Style Triple

酒廠：Elysian Brewing Company　地區：Seattle, USA

風格：Triple、Abbey-Style Beer　濃度：7.5% ABV

特色：

勇於挑戰的美國酒廠總不吝於嘗試各種風格，這款 Triple 就是釀酒師 Dick 像 Triple 致敬的作品。啤酒帶出稻草般的黃色，一倒出後，氣泡消散的很快，飄出了甜美的濃麥芽香氣與果香，比一般比利時 Triple 少了香料味與混濁的味感。味覺上也感受到迷人的熱帶水果與麥芽甜味，洋溢著活潑甜美氣息。雖然不太像 Triple，但絕對是一款討喜的高酒精濃度啤酒。

其它推薦：

Brouwerij Alken-Maes 酒廠，Grimbergen Dubble，6.5%、Brasserie St. Feullien 酒廠，St.feuillien Triple，8.5%、Brouwerij Van Steenberge 酒廠，Augustijn Grand Cru，9.0%、Brasserie Lefebvre 酒廠，Abbaye De Floreffe Triple，7.5%

國外必飲 · 傳奇酒款

Ommegang Dubbel

酒廠：Brewery Ommegang　地區：New York, United States

風格：Dubbel　濃度：8.5% ABV

特色：

Ommegang 曾在英國的一場盲飲測試裡，當場被眾多評審們認定是「最具備比利時精神的啤酒」，贏過了 Chimay Grand Reserve。有如 1976 年的巴黎紅酒盲飲對決般，謎底揭曉時嚇壞了一夥人。Ommegang 的主人最早在美東進口比利時啤酒，因為實在太喜歡比利時啤酒了，最後更撩下去開設酒廠釀酒，志在釀出「最比利時的比利時酒款」，如今已被 Duvel 酒廠收購。這款 750ml 的啤酒是 Ommegang 一戰成名的啤酒。

其它推薦：

Brasserie de L'Abbaye du Val-Dieu 酒廠，Val-Dieu Brune，8.0%
、The Lost Abbey 酒廠，The Angel's Share，12.5%

Duvel
DEPOT
66

比利時金黃強愛爾
天使與惡魔的完美結合

金黃色的液體透出天使般的光芒，表面溫和，入口乾爽清香，心機卻很重，擁有高達 8.5% 的酒精濃度，是宛如美麗惡魔般的一款啤酒……

相信 Duvel 是不少人第一次接觸到的比利時啤酒，它金黃色的液體透出天使般的光芒，入口乾爽殺口中帶出青蘋果、梨子香氣，混合著黃花香與香料味，探測不到酒精的威脅感。然而高達 8.5% 的酒精濃度不知不覺間早已侵入了知覺，直到應聲倒地，此時宛如摘下了面具的惡魔，對你大聲嘲笑！

Duvel 一詞正是比利時話的惡魔。這一款讓人印象深刻的風格，比利時金黃強愛爾，就是從生產 Duvel 的 Moortgat 酒廠開創風潮。Moorgat Brewery 最早只出產深色愛爾，二次世界大戰之後為了與崛起的金黃 Pilsner 抗衡，發展出具備比利時特色的另類金黃色啤酒，意外在全球大受歡迎。之後不少比利時啤酒廠紛紛仿效，也用上黑暗系的名稱，如 Lucifer 露西佛，Delirium Tremen 迷幻大象，Juda 猶大等，都是表面溫和其實心機很重的啤酒。

這款啤酒注重花果香，但烘烤味與餅乾味卻不顯著，原因在於酒廠指定特殊烘焙的淡色麥芽。由於氣泡感強且乾爽，很適合搭配葡萄酒很難搞定的油膩或氣味很重的食譜，像是香料味極重的印度咖哩，Duvel 也能輕易的戰勝黏膩味覺。下次不妨帶瓶 Duvel 到印度菜館，也許還能教老闆一招全新的搭配方式呢。

台灣極品 · 頂尖酒款

Duvel

酒廠：Brouwerij Duvel Moortgat NV　地區：Breendonk-Puurs, Belgium

風格：Belgian Strong Golden Ale　濃度：8.5% ABV

特色：

Duvel 的酵母是最早創辦人 Albert Moortgat，到蘇格蘭旅遊時帶回來的蘇格蘭產的酵母，所以這款啤酒其實是蘇格蘭和比利時血統的混血兒。Duvel 用特殊烘烤的淡色麥芽與白糖釀製，進行瓶中二次發酵二個月後才出廠，巨大的泡沫中帶出了強烈的香料與草藥味，入口又有梨子等清脆水果滋味，風味多變，倒入 Duvel 特製的鬱金香杯更能襯托出其豐富的氣味。

Delirium Tremen

酒廠：Brouwerij Huyghe　地區：Melle, Belgium

風格：Belgian Strong Golden Ale　濃度：8.5% ABV

特色：

Delirium Tremen 曾在 1998 年贏得世界最佳啤酒。瓶身上的粉紅大象和卡通造型的蜥蜴很可愛，其實卻包裝出 8.5% 的強大酒精！ Huyghe 家族以精釀酒傳承了四個世代，在比利時布魯塞爾開的 Delirium Café 有多達 2500 種啤酒，創下金氏世界紀錄。這款酒一倒出就溢滿了巨大厚實的泡沫，香味明顯的飄出橘子、萊姆與蘭姆酒的香氣。入口先是啤酒花的藥草苦味襲來，接著濃郁的柑橘果香包圍了滿嘴，留下如萊姆酒般酒精氣息的乾爽感。這款啤酒一點都不可愛，反而充滿女強人般的霸氣！

Sloeber

酒廠：Brouwerij Roman N.V.　地區：Mater-Oudenaarde, Belgium

風格：Belgian Strong Golden Ale　濃度：7.5% ABV

特色：

Sloeber 來自以棕愛爾出名的酒廠，Roman。在傳承了十二個世代後，並經歷兩次世界大戰後，近年來酒廠又再度活躍。旗下除了知名的 Adriane Brouwer，也順勢推出一款「邪惡啤酒」Sloeber。Sloeber 在比利時話是小丑的意思，這款啤酒有著同樣巨大的泡沫、柑橘香，帶出比 Duvel 稍甜的飽滿氣息，尾勁浮現鐵質的風味，表現中規中矩。

Piraat Ale

酒廠：Brouwerij Van Steenberge　地區：Province of West Flanders, Belgium

風格：Belgian IPA　濃度：10.5% ABV

特色：

Piraat 為海盜的意思，跟 Goulden Draak 黑金龍、Augustijn 來自同一個酒廠 Van Steenberge，也是比利時啤酒專賣店的古登老闆 Joe 喜好的一款酒。這款啤酒有著混濁的土黃色味蕾，加入特別多的 Saaz 啤酒花，像海盜一樣詭譎難測。這款酒又被定義為比利時 IPA（下篇提到），一倒出瓶身巨大的泡沫稍一失手就會流出瓶緣。鼻尖與口感上有厚重的焦糖核桃般甜味，與白胡椒味、青草味、藥草般等香料味，尾端奶油般的酒精味與果香拉出乾爽。如果對比利時啤酒不熟悉，第一次喝要不愛上其於複雜油滑的味覺，要不就嚇到了轉身走開。

JEVER
DRAFT BEER
CHIMAY (TRIPEL)
VEDETTE
GUINNESS
JEVER
JEVER

比利時 IPA
異國花語的風味變奏

比利時 IPA 早期因為地理環境接近啤酒花產區，就地取材加入大量啤酒花，其豐盈的苦味，加上比利時酵母的香料味，整體味覺非常出色……

India Pale Ale 首要注重的是啤酒花，比利時種植的產量不多，主要種植區域位在法蘭德斯西區的 Popperine 與 Watou，主要以 Styrian Golding、Brewer's Gold、Hallertaua 為主，品種大多來自英國或德國，但早已染上比利時的風土滋味。

比利時 IPA 早期大多因為地理環境接近啤酒花產區，像是釀酒廠 Van Eecke 或 De Ranke，就地取材加入大量啤酒花。近年來，也有一些比利時酒廠感受到美國 India Pale Ale 的魅力，著手釀起屬於比利時風味的 IPA，知名酒廠 La Chouffe 就是其中一例。這款比利時 IPA 的誕生是因為老闆 Christian Bauweraerts 最喜歡的風格是 Triple，也喜歡英國的 IPA 與美國的 Double IPA，便決定結合兩者特色創造出比利時風格的 Dobble IPA。

Belgian IPA 可以想成 Saison 來搭配，由於多了啤酒花豐盈的苦味，能平衡油膩或重口味的菜色，讓滋味變得清爽。另外比利時酵母的香料味，很適合抹上異國香料烘烤的烤牛肉，或者味道較重的煎魚等，讓整體味覺更出色。

台灣極品 · 頂尖酒款

De Ranke XX Bitter

酒廠：Brouwerij De Ranke　地區：Wevelgem, Belgium

風格：Belgian IPA　濃度：6.2% ABV

特色：

一向喜歡美國 IPA 的我，喝到這款啤酒忍不住大叫出來，這股直爽的苦味不就是最熟悉的嗎？ De Ranke 的瓶身跟一般比利時的修道士或塗鴉相比，兩個 X 線條簡單，其實暗藏著不簡單的美味。這款啤酒完全用上皮爾森麥芽，與 Brewer's Gold 與 Hallertau 兩款比利時種植的啤酒花，鮮明俐落，除此之外氣泡多且細膩，帶出檸檬、薄荷、新鮮青草與礦物質般渾濁味覺，一貫的酵母香料味反而不多，是我喝過最清爽直接的一款比利時啤酒，冰涼飲用時會有很棒的解渴功能。

Houblon Chouffe Dobbelen IPA

酒廠：Achouffe Brewery　地區：Province of West Flanders, Belgium

風格：Belgian Dobble IPA　濃度：5.5% ABV

特色：

這款綠精靈 IPA 加入了大量啤酒花，使用了包括美國風味的 Amarillo 啤酒花，倒出後豐厚的泡沫襲來豐盈的柑橘、檸檬與花香，試圖要淹沒感官，後段乾爽且浮現香料如黑胡椒、茴香滋味，是一款集合美國與比利時魅力的多變啤酒！這支啤酒在美國網站 BA 獲得很高的分數，在台灣喝過的朋友也都很喜歡。

其它推薦：

Van Eecke 酒廠，Popering Hommel Bier，7.5%、Het Anker 酒廠，Gouden Carolus Hopsinjoor，8.0%、Lefebvre 酒廠，Hopus，8.5%

冬季特殊啤酒
寒冬中的一道暖流

這些啤酒在冷颼颼的冬天裡喝上一口，身體頓時溫暖了起來。尤其適合在感恩節或聖誕節的餐桌上，開上幾瓶與家人同歡……

每每看到電視上強打「清涼啤酒」的廣告，一群男人一臉舌頭發凍的過癮樣子，都讓我覺得哭笑不得。畢竟溫度太冰會壓抑啤酒的香味，反而減分，更何況雖然許多啤酒適合夏天，但其實「冬天」也是啤酒的戰場之一。

每到冬天或聖誕節，比利時一種特殊款的啤酒就會出現在家家戶戶的餐桌上，稱為「聖誕節啤酒」或「冬季啤酒」。由於冬季尾隨在收成豐富的秋天，早期為了解決剩餘的麥芽與應付寒冷冬季，比利時酒商都會推出濃度高得嚇人的啤酒，大多高達 10% 以上，有時也加入各種冬季限定的香料慶祝節日。世界各地的啤酒文化都有推出冬季啤酒的傳統，像英國 Samuel Smith 的 Winter Warmer，奧地利高達 14% 的 Samichiaus 等，通常顏色偏黑，且都有飽滿濃郁的麥芽滋味。

這些啤酒跟適合夏天的小麥啤酒或皮爾森天差地遠，冷颼颼的冬天裡喝上一口，身體頓時溫暖了起來。尤其適合在感恩節或聖誕節的餐桌上，酒酣耳熱之時將彼此的距離拉近，溫暖身體也溫暖了心靈。

台灣極品 · 頂尖酒款

Stille nacht

酒廠：De Dolle Brouwers　地區：Province of West Flanders, Belgium

風格：Belgian Strong Dark Ale　濃度：12% ABV

特色：

De Dolle 又意謂著「瘋狂的釀酒師」，這座小型酒廠保留了當年的老器材釀酒，如銅製的糖化槽等，酒款如深黑的強愛爾 Oerbier、稻草色乾爽的 Arabier 等，在台灣都喝的到。Stille Nach 為冬季限定的酒款，意為沈默的夜晚，酒精濃度達 12%，用上濃郁的麥汁煮沸長時間後加入白冰糖一同發酵，並放入木桶熟成，啤酒口感厚實卻意外均衡。為暗紅的酒色，濃稠如糖液般帶出有著蘋果與杏桃般的濃郁果香，與極為乾爽的香料滋味，輕微的酒精感在嘴中繚繞回味。Stille Nacht 有極佳的陳年潛力，每年冬天都可以品嘗實驗。

Bush de Noel

酒廠：Dubuisson Brewery　地區：Pipaix, Belgium

風格：Belgian Strong Dark Ale　濃度：12% ABV

特色：

Dubuisson 家族是小型酒廠，卻以釀出超高酒精濃度的酒款出名！這款啤酒用上皮爾森與大量的焦糖麥芽高溫發酵，之後加入啤酒花至熟成桶，除了投入三次啤酒花，在熟成時會加入 Saaz 啤酒花冷泡 4 到 6 個禮拜，產生出獨特的花香味。顏色呈現漂亮的琥珀紅，鼻尖上就能聞到些許酒精味與糖果的甜味，入喉能感受到酒精的熱氣，之後浮現綿延的烤焦糖甜味與甘草般的苦甜香味，那股細膩感像在喝昂貴的飲料般，給人華麗的印象。

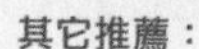

其它推薦：

John Martin's 酒廠，Gordon XMas Special Ale，8.8%

更多比利時風格
酒廠私藏配方

號稱啤酒王國的比利時，除了先前介紹的酒款，還有更多難以細數的美妙風味……

比利時啤酒的釀法複雜多變，且酒廠間不隨便公開酒譜，私家工夫很多，有時硬要把風格套上去實在是很困難。台灣能喝到的比利時啤酒很多，以下簡單羅列還未介紹到的好評酒廠。

台灣極品 · 頂尖酒款

riple Karmeliet

酒廠：Brouwerij Bosteels　地區：Buggenhout, Belgium

風格：Tripel　濃度：8.4% ABV

特色：

我許多朋友最喜歡的啤酒都是這支 Triple Karmeliet，足見其魅力。這款啤酒最特別之處就是加了三種不同種類的穀麥：小麥、燕麥、大麥，號稱是照著三百年前 Carmelite 修道院的啤酒酒譜釀造。亮眼的金黃色聞起來具有花朵與香草的宜人滋味，有些類似花香，三種麥芽讓酒體具備了小麥的清爽，燕麥的滑柔，尾勁有著檸檬皮般的乾香，並夾雜著微微的丁香味，溫柔突出。

Kasteel Bruin

酒廠：Brouwerij Van Honsebrouck N.V.　地區：Ingelmunster, Belgium

風格：Quadrupel　濃度：11% ABV

特色：

城堡啤酒標上的城堡可不是存在於幻想之中，這裡的地下室就用來窖藏啤酒。評價極高的 Kasteel Donker，製作過程很繁雜，長時間發酵後在不鏽鋼桶低溫熟成至少三個月，接著放在城堡酒窖內熟成 6 到 12 個月才出廠。深紅棕的酒色散發甜李的香氣，口感很甜，味覺上類似波特酒一般黏稠。

Gouden Carolus Classic

酒廠：Brewery Het Anker　地區：Mechelen, Belgium

風格：Belgian Strong Brown Ale　濃度：8.5% ABV

特色：

Het Anker 是近年來備受矚目的酒廠，旗下一共出產數款啤酒，主要風格有經典的強棕愛爾 Gouden Carolus 與 Gouden Carolus Triple 等。我最喜歡的 Tripel 則有複雜的甜味，均衡魅人。這間酒廠近年來還釀起了單一麥芽威士忌，搞不好台灣很快就能見到來自 Het Anker 的威士忌了。

其它推薦：

Caracole 酒廠，Caracole Ambree，8.00%、De Landtsheer 酒廠，Malheur 10，10.00%、Abbaye des Rocs 酒廠，Abbaye Des Rocs Brune，9.00 %

曾聽親臨德國啤酒節的朋友形容，大如足球場的會場裡擠滿了大聲乾杯的人群，其中飛快穿梭著雙手拿十二杯啤酒的女服務生，炙烤的鐵爐上散發豬肉油脂的香氣。這樣情景在慕尼黑的廣場整整上演十六到十八天，每年德國人與來自世界各地的旅人，共喝下七百萬利特以上的啤酒。大口吃肉，大口喝酒，這個永恆不敗的德國真理在此時此刻發揮的淋漓盡致。

German Beer
德國啤酒

皮爾斯風格
來自捷克的驚艷美味

全世界第一款 Pilsner 在 1842 年推出，以捷克出產的麥芽，Saaz 啤酒花與當地軟水，釀造出金黃色光芒與綿密泡沫的酒體，並有著凜冽的芬芳與微甜麥香……

我一直認為德國人是很悶騷的民族，做事情的態度有條有理，一絲不苟，喝起酒來卻比誰都還瘋，且不管是誰都能稱兄道弟。有一次在美麗的緬因小鎮（Maine）上的啤酒餐廳，風和日麗，隨意選了戶外位置坐下。一旁客人桌上擺滿了好幾杯空酒杯笑嘻嘻的對我們說「你們從哪來阿？乾一杯吧！」在這裡，餐桌禮節彷彿不存在，愁眉苦臉才是犯了大忌 。

早在西元前羅馬歷史學家，Publius Cornlius Tacitus 就有記載，要打敗貪杯卻好戰的德國人唯一方法，就是給他們大量的啤酒！雖然德國人好喝卻不濫喝，對於啤酒的品質要求嚴格，並且認真的將啤酒視為國家榮耀。我常說，如果要推薦剛入門的酒友，一瓶德國黑啤酒包準不出錯。德國啤酒又多以下層發酵的拉格為主，1884 年掀起拉格風潮的 Pilsner Urqell，拉格酵母便是取源自德國。然而，德國啤酒也跟其他國家相同，最早也是以上層發酵的愛爾（Ale）為主。

1516年的純酒令與之後頒布的法令，徹底改變寫德國啤酒的命運。德國啤酒從當地部落開始，由羅馬人佔領，到僧侶將啤酒釀造發揚光大後，整個巴伐利亞從沒落貴族到市井小民通通開始釀酒販賣，有些為求利益更加入了各種香料與添加品，讓啤酒品質日漸低落。其次，小麥跟裸麥也因釀造啤酒而需求大增，造成麵包價格高攀。基於問題日漸嚴重，巴伐利亞王室於1516年純酒令頒布，規定啤酒原料只能有大麥、水、啤酒花。接下來的規定更進一步促進了拉格革命：每年只有從9/29～4/23能釀啤酒，夏天全面禁止釀造！而太冷的天氣會讓愛爾酵母沈睡，拉格酵母便漸漸成了德啤中的主宰者。

當巴伐利亞南方確立了拉格傳統，德國北方則以愛爾外銷且闖出名聲。13世紀驚艷歐洲的商務系統，漢 澈 同 盟（Hanseatic League），將德國啤酒大量外銷至波羅地海各處，如英、俄等國，城市如科隆、漢堡都賺入大量外匯。漸漸的南方純酒令才影響了北方，但如今許多城市還保有愛爾的傳統，如Altbier（老啤酒）或Kolsh風格。信手拈來，德國皇室的歷史也跟啤酒息息相關，像小麥啤酒釀造權一度專屬於Wittlesbach家族，慕尼黑最出名的HB皇家小酒館也成了希特勒的演講地點，德國人與啤酒真是愛恨糾纏剪不斷。

歸功於純酒令下的品質控管，德國啤酒贏得了全世界的愛戴，但也讓它變得一絲不苟，少有變化，缺少驚艷創意的感動。然而它穩定、優良的高品質，正與「優質啤酒」劃上了等號。認識德啤風格，首先不得不提到全世界第一款的皮爾斯Pilsner風格啤酒，Pilsner Urgell。皮爾斯的意思就是From Pilsen，來自捷克的小鎮，皮爾森。這款風行全球的Pilsner在1842年由釀酒師Joseph Groll推出，不同於以往粗獷混濁的棕色拉格，用上捷克出產低蛋白質的麥芽，Saaz啤酒花與當地軟水，產生出閃耀著金黃色光芒與綿密泡沫的酒體，並散發凜冽的芬香滋味與微微麥甜香，有如軍營內闖入一位令人驚歎的氣質美女般印象，很快在當地造成大轟動！所謂時勢造英雄，當時科技的快速發展與鐵路的擴建、玻璃杯的普及等，都使得這款啤酒快速在世界各地發揚光大，躍升成21世紀最受歡迎的啤酒風格！

這種佔據全世界95％深受大眾擁戴的風格，是一般大眾眼中唯一的啤酒口味，然而卻被精釀啤酒愛好者認為它「淡薄，沒有味道」，甚為可惜，其實這都是低品質的皮爾斯，加了添加物或者用上麥芽精所帶來的錯誤印象。真正好的皮爾斯啤酒是極富麥香、乾爽清脆，擁有鮮明帶些許香料的優雅苦味，曾有啤酒達人解釋，Saaz啤酒花像林志玲般令人回味。7-11架上放眼望去全是皮爾斯風格，然而好喝的卻寥寥無幾。有時真想拿擴音機解釋「那些不代表好喝的啤酒」！

正宗的Pilsner各地的版本不同，通常捷克的Pilsner有苦味較硬，德國為應付Pilsner所誕生出似淡拉格的Helles則較多焦糖、奶油糖的風味。這款清澈脆爽的啤酒非常適合搭配味覺多樣的亞洲菜，無論煮入各種醬料如米酒、麻油、芝麻、苦茶油等，皮爾斯都能易如反掌的輕鬆面對。

Helles 德國淡啤酒

無論到世界各地的德國啤酒餐廳，通常只提供經典的三種啤酒：Dunkel（黑）、Helle（淡）、Weizen（小麥）。Helles 是德文的淡意，這款淡色啤酒其實是因淡色 Pilsner 大受歡迎後，讓一向以啤酒為傲的巴伐利亞民族不服氣，憤而發明屬於巴伐利亞的金黃拉格。Helles 的顏色比 Pilsner 更淡，相較於以 Saaz 啤酒花氣息為主的皮爾森，Helles 較不重視啤酒花苦香，反而強調麥芽甜味與麵包香氣。Helles 近幾年成了慕尼黑十月啤酒節最受歡迎的啤酒，甚至比歷史悠久的冠軍 Dunkel 更受歡迎，成為巴伐利亞人的新啤酒寵兒。

台灣極品 · 頂尖酒款

Budwesier Budvar-Czechvar

酒廠：Brewery Budweiser Budvar　地區：Ceske Budejovice, Czech Republic

風格：Czech Pilsener　濃度：5.0% ABV

特色：

這款 Budweiser 跟你所認定的美國百威不一樣，這是捷克 Budwer 百威小鎮出產並以此命名的啤酒 Budweiser，當初美國啤酒公司 Anheuser-Busch 受它啟發，也將自家的啤酒命名為 Budweiser，兩家還為了名稱進行官司訴訟，最後判決出口到美國的正宗版一律稱為 Czechvar！然而前者比後者的口感厚實多了，這款啤酒的泡沫經倒出衝刺後，很快就慢下來，顏色偏深黃色，入口偏甜味的麥香淡雅，舌根後浮起了清脆的啤酒花苦香味，最後草藥般的苦香如回甘的檸檬皮留下最後印象。雖然稱不上是一流的皮爾森，但也有 80 分了。

Suntory Premium Malts

酒廠：Suntory　地區：Osaka-fu Osaka-shi, Japan

風格：Pilsener　濃度：5.5% ABV

特色：

Suntory 是日本前幾大的飲料大廠，但旗下啤酒比較慢熟，銷售量迎頭趕上其他品牌。Suntory Premium Pilsner 與 Yebisu 是市面上最強的兩款日式皮爾斯啤酒。我曾親自參訪 Suntory 位在東京近郊的 Green 武藏野酒廠。這款酒的美味沒有什麼祕密，原料上強調百分之百的麥芽，不用任何添加物，而且比一般日本拉格更多的麥芽與啤酒花作為原料，發酵前麥汁濃度明顯偏高。喝入口先感受到算渾厚的中等酒體，帶著甜度高的麥芽與餅乾香味，尾端浮現高雅啤酒花的芬芳氣息，苦味重卻不過分，表現優雅宜人。我更喜歡加上黑啤酒調和成為 Half & Half，多了烘烤與 Espresso 香氣後味道更足！

Sudwerk Pilsner

酒廠：Sudwerk Restaurant and Brewery　地區：California, United States

風格：Pilsner　濃度：5.0 % ABV

特色：

這款啤酒有時會不知不覺現身在大潤發的櫃上，再一眨眼又賣完了。Sudwerk 是加州大型的精釀酒廠之一，主要以德國風格的啤酒為主。旗下的 Pilsner 在 BA 網站上得到 90 分的高分，被喻為是「美國能喝到最地道的德國啤酒」。這款啤酒的飄出的藥草香味與皮爾斯常見的硫味，入口的麥芽、花香、草香明顯的衝上舌尖，是各方面都有 80 分以上的正統美人。Sudwerk 也有另外一款麥香飽滿的德國 Helles 風格，建議兩款進行平行比較，就可知分別。

台啤 18 天

酒廠：台灣啤酒廠　地區：台灣台北

風格：American Adjunct Lager　濃度：4.7% ABV

特色：

嚴格說來加了蓬萊米的台啤，算是受到美國「添加物」影響的一款啤酒。台啤是皮爾斯變形後的美國拉格款，我一般不推薦，但台啤十八天的美味可是會讓人懷念。之前在啤酒聚會跟大家推薦這款啤酒時，引來所有人的一陣好奇詢問，原來台啤還有這一號人物！台啤 18 天原本只在建國酒廠內釀造，18 天意味著保存期限只有 18 天，用上比金牌更充足的麥芽與啤酒花，重點是在未殺菌，保留酵母的狀況下出廠，有著前所未有的新鮮、濃郁麵包口感，啤酒花苦香的層次也更鮮明。日前大肆宣傳的新版瓶裝，味道不如過去，很可惜。

Bitburger Premium Pils

酒廠：Bitburger Premium Th. Simon　地區：Birburg, Germany

風格：German Pilsner　濃度：4.8% ABV

特色：

往往在人事物暴紅之後，爭議訴訟便隨之而來，就像當德國啤酒商爭相使用 Pilsner「皮爾森」字眼增加銷量時，造成了捷克人的抗議訴訟。判決結果，為了與產自皮爾森的啤酒有所區隔，德國廠商只能一以 Pils 來統稱類似的風格，Bitburger 則是當時第一間如此稱呼的啤酒廠。這間老酒廠 1817 年創立，Bitburger 最早是釀造北德風格的老啤酒，之後轉型成皮爾斯工廠。它的 Pils 散發耀眼的金色光芒，衝出細膩泡沫，在苦味、麥芽香味間取得平衡感，清爽舒適，適合在夏日的陽光下痛快的享用。

其它推薦：Plzensky Prazdroj, a.s. 酒廠，Pilsner Urqell，4.4%

國外必飲・傳奇酒款

Weihenstephaner Original

酒廠：Bayerische Staatsbrauerei Weihenstephaner　地區：Freising, Germany

風格：Helles　濃度：4.6% ABV

特色：

不少人認為 Weihenstphaner 的每一款酒都好喝，它的高品質替德國啤酒樹立了良好典範。Weihenstephen 在 1040 年建立，如今由政府管理運作，是世界上持續生產最老的啤酒廠，還成立釀酒學院教育下一代的釀酒師。Weihenstephaner 最有名的是小麥啤酒，但是它的 Original 也備受好評，顏色一如德國 Helles 般淡黃，甜美的麥芽氣息中帶出核桃般的味覺，與檸檬草的清爽感，啤酒花表現不明顯，但整體均衡渾圓，尾勁留下甜美的麥味。如此幸福的美味讓人理解到德國 Helles 的平實魅力。

Zatec

酒廠：Zatecky Pivovar　地區：Zaatec, Czech Republic

風格：Czech Pilsener　濃度：4.6% ABV

特色：

Zatec 是捷克啤酒花最有名的產地，同名酒廠在當地從 1004 年就開始運作，至今還默默釀造美味的啤酒。Zatec 這幾年因 Merchant Du Vin 的代理而逐漸打出知名度，在北美也見其身影。這款啤酒新鮮啤酒花的張力很明顯，一倒出先飄散出 Saaz 的花香味，彷彿能看到啤酒花飄在酒瓶內，絕對是「下重料」的一款。酒色帶出優雅的淡金黃色，入口中等飽滿，鮮明的將 Saaz 花的芳香、清脆與優雅的苦味完全表現，留下美麗又令人回味的倩影。台灣也有酒商代理 Merchant Du Vin 旗下的產品，未來希望在超市酒櫃上看到 Zatec 的身影！

ISGRUB-BRÄU

SEIT
EISGRUB-BRÄU
unfiltriert
naturtrüb
1. MAINZER GASTHAUSBRAUEREI

黑拉格
深邃酒體的絕妙風味

1516 年純酒令上的第一款啤酒就是 Dunkel，德文「黑」之意，其重要性不亞於當今的皮爾斯，也是早期慕尼黑十月啤酒節最受歡迎的主角……

在 19 世紀麥芽烘焙技術進步前，大部份啤酒一貫呈現混濁的棕黑色，德國也不例外。1516 年純酒令上的第一款啤酒就是 Dunkel 黑拉格，德文「黑」之意，是早期慕尼黑十月啤酒節最受歡迎的主角，至今依然深受喜愛。

Dunkel 發跡自德國巴伐利亞一帶，中等的酒體柔順清澈，帶點吸引人的焦糖、核桃與些微烘烤滋味，對酒鬼有如小朋友遇到養樂多般，喝了還想再喝。另外一種來自德國東北方的黑拉格，Schwarzbier，則是提另外一種烘烤滋味。Schwartz 同樣是「黑」之意，加入了重烘烤的麥芽釀造，顏色比 Dunkel 更濃黑，且強調焦香味與啤酒花香，口感偏向乾爽硬脆，有如來自北方硬脾氣的漢子一般！這兩款啤酒都是炒熱聚會氣氛的好幫手，酒精濃度不過強約 5% 上下，入口平衡卻不搶功，提供「好喝」的愉悅感又能專心在聊天上。最完美的 Dunkel 要喝生啤版，三芝的「煙燻小棧」（下一章有介紹）就能品嘗。Dunkel 的焦糖甜香讓菜色搭配度很廣，無論是燉肉、烤雞等西菜，或豆豉牛等中菜都不錯，家裡面存一箱也不為過。Schwarzbier 口感較硬爽，適合油膩的菜色如鹽酥雞或炸蝦等，都能將油膩感通通化除掉。它的焦炭味也很適合中式炭烤，寫到這裡讓我已經很想大快朵頤一番。

Platzl
Ayinger
Echte Bierkultur genießen

台灣極品 · 頂尖酒款

Ayinger Altbairisch Dunkel

酒廠：Brauerei Aying　地區：Aying, Germany

風格：Dunkel　濃度：5%ABV

特色：

Ayinger 艾因格酒廠的主人 Franz Inselkammer 真是釀酒高手，旗下酒款都是網站高分的常勝軍，傳統平穩卻很有自己的性格，算是德國酒廠中的模範生。這隻 Dunkel 提供比一般更經典的品味，紅木色澤中帶出濃密的泡沫，香氣有黑糖與麥芽味和帶一點點煙燻香，酒體飽滿卻出乎意外的清爽，帶出黑糖、麥芽的甜美口感，尾勁乾爽不會有甜膩膩的感覺，而是新鮮麥芽的印象，是我最喜歡的一款啤酒！

Konig Ludwig Dunkel

酒廠：Konig Ludwig　地區：Furstenfelbruck, Germany

風格：Dunkel　濃度：5.1%ABV

特色：

我常聽到各種行業轉釀酒師的故事，但王子也跑來釀啤酒可是第一次。Konig Ludwig Dunkel 是德國最受歡迎的黑啤酒之一，釀酒廠 Kaltenberg Scholoss 竟然是一座迪士尼樂園裡才看得到的城堡，非常夢幻，前面小麥啤酒就約略提到。堡主為 16 世紀時頒布純酒令的皇室家族 Wittlesbach 後裔，王子 Luitpold，他曾在大學研讀啤酒釀造學，傳承了 Wittlesbach 家族對釀酒的熱情，並嚴守 1516 年家族頒布的純酒令。Konig Ludwig 以他兩個國王祖先為名，倒出來有著輕快活潑的泡沫，深紅棕色澤，加上麥芽與淡淡啤酒花的香氣。入口清爽但中段浮現淡巧克力與咖啡香，尾勁殘留著優雅如巧克力般的苦味。雖然沒有如英國司陶特般濃郁的味覺特色，但卻讓人無法自拔的一喝再喝，是有著神奇魔力的啤酒。

Kostrizer Schwarzbier

酒廠：Kostrizer Schwarzbierbrauerei GmbH &Co.

地區：Bad Kostritz, Germany

風格：Schwarzbier　濃度：4.8%ABV

特色：

Kostrizer 坐落在德國東部的 Bad Kostritz, Thuringia。自 1543 年當地就有釀造的紀錄，在十八世紀期間更是大受歡迎，並在二次世界大戰及東德統治期間逃過一劫，1991 年由 Bitburger Family 取得啤酒廠。Kostrizer 黑啤酒最為人津津樂道的故事之一，就屬哥德在生病期不吃東西，專靠這款啤酒「滋養補身」，後來還神奇復原。深不透光的黑色讓人聯想到黑巧克力，口感帶出強烈的煙燻與苦咖啡味，啤酒花香乾淨的收尾，是口感硬爽的一款啤酒。

其它推薦：

Bitburger Premium Th. Simon 酒廠，Augustier Altbairisch Dunkel，4.8%
、Weltenburger Abbey 酒廠，Weltenburger Kloster Barock-Dunke，4.5%

十月啤酒節的由來

瘋狂的十月啤酒節起源自 1810 年，慕尼黑的王子 Ludwig 迎娶了西班牙公主 Theresia，時間又剛好落在每年的收成慶典，皇室便決定擴大延長舉行，舉凡農業大展、騎馬秀、歌舞表演等娛樂琳琅滿目，從此以後便成為巴伐利亞人每年最期待的年度慶典。十月啤酒節雖然啤酒消耗量很大，其實啤酒的選項並不算多，只有慕尼黑六大釀酒廠得以開桶。首席釀酒師們會敲開啤酒木桶作開幕儀式，熱鬧非凡！

Baden Baden

25
Spielzeugmuseum

巴克
冬季暖胃的魅力單品

這是一款強壯滑順，又充滿麥芽風味的北德濃郁拉格，其美味讓南德的巴伐利亞王室又愛又妒，只好從北方請來一位釀酒師，嘗試在當地釀造……

滑順的德國拉格一向適合冰涼涼的飲用，然而巴克啤酒正好相反，屬於冬天「啜飲暖胃」型的酒款。這是一款用上高濃度麥汁，強壯，滑順又充滿麥芽味的濃郁拉格。而要理解 Bock，首先要聽一堂歷史課。

巴克最早源自北德城市 Einbeck，也是歐洲十三至十七世紀知名的「漢薩同盟」Hanseatic Trade 的主要城市之一，曾經出口啤酒到俄國、挪威、丹麥、英國等，Einbeck 的聲勢推至最高峰！德國南方的巴伐利亞王室又愛又妒這款啤酒，只好從北方請來一位釀酒師，試著在當地釀造出巴克風格後，成功的在 HB 酒館販賣。後來因應南方的純酒令，巴克逐漸從愛爾轉成了底層發酵的強拉格，名氣大到有人以為是巴伐利亞的特產。一般 Bock 濃度約 6.5% 上下，顏色分布從金黃色到深棕。它強調飽滿多汁的入口感，黑麥芽中帶點花香或水果的底韻，啤酒花則低調的讓人幾乎忘了存在，很適合小口小口的細心品嘗。在巴克啤酒這棵大樹底下又有許多小分支，像是巴伐利亞人原創的雙倍巴克 Dopplebock（Dubble Bock），德國人習慣於初春時飲用，有時可飆高到 12 ～ 13%，濃郁的麥芽甜香讓我聯想到英國的大麥酒。Maibock 則是慕尼黑三月春天時飲用的酒款，Mai 意指三月，顏色比一般巴克更帶金黃色，暗示著逐漸春暖的亮麗色澤；類似冰酒概念的 Eisbock 待酒體在地窖裡結凍成冰沙，撈出冰後原本的酒體變得更濃郁稠滑，有人說喝起如麥芽膏般濃甜。曾有德國酒商 Schorschbrau 以此種風格挑戰出 57.5% 的酒精濃度，成為世界上酒精濃度最高的啤酒；加入小麥的 Weizenbock 則以 50% 的麥芽代替百分之百的麥芽，顏色偏黃，帶出較為輕盈甜膩的 Bock 滋味，柔軟多汁，有種沈浸溫柔鄉的味感。

台灣市場雖小，卻能買到質感一流的 Dopplebock 啤酒，如經典的 Paulaner Savaltor，或來自奧地利的 Eggenberg Samichlaus，算是小有口福。Bock 有著超群的麥芽滋味，Dopplebock 甚至接近麥芽糖的口感，很適合淋上濃稠黑醬汁的菜色，像義大利蘑菇加上野味如兔肉等，甚至港式烤乳豬，或醬油膏菜也很適合。

台灣極品 ‧ 頂尖酒款

Samichlaus Bier

酒廠：Brauerei Schloss Eggenberg　地區：Vorchdorf, Austria

風格：Doppelbock　濃度：14%ABV

特色：

高達 14% 的啤酒每年在 12 月 6 日釀製一次，並陳放 10 個月後才裝瓶，直到明年的 12 月 6 日才發表，讓它至少可以再存放 5 年，有如葡萄酒的概念一般越陳越香。這款來自奧地利的酒款口感濃郁醇厚，有著明顯的肉乾味，豐富的奶油、太妃糖、核桃味，以及如波特酒般的酒精感，多元層次拿下 BA 網站上 100 分評價！如果嫌這款啤酒濃度太高，Eggenberg 也出產一款 Urbock。Ur 是德文正統的意思，也就是正統的巴克啤酒，存放 9 個月後才裝瓶。由於它帶有奶油般的渾厚感，在許多國家又被喻為「啤酒白蘭地」。

Paulaner Salvator

酒廠：Paulaner Brauerei　地區：Munich, Germany

風格：Dopplebock　濃度：7.9%ABV

特色：

Pauiner Salvator 是慕尼黑第一款正式販售的 Dopplebock，1780 年至今還深受酒客的的喜愛。最早跟基督徒的大齋期有關係，禁食期間僧侶飲用的酒款，濃郁的麥芽用料有補體強身的作用。Salvator 更曾被其他酒商濫用成 Dopplebock 代名詞，直到 Paulaner 註冊為商標，足見這款啤酒的歷史威力。它有著標準的太妃糖與麥芽的烘烤香氣，入喉與香氣十分相符，飄散出麥芽、蜂蜜、焦糖、黑萊姆酒般引人回味的成熟味覺，喝完後甜香擴散滿嘴，連呼吸都有甜美的蜂蜜氣息，令人回味，無怪乎是一款永恆經典之作。

Ayinger Weizenbock

酒廠：Ayinger　地區：Aying, Germany

風格：Weizenbock　濃度：7.1%ABV

特色：

Ayinger 旗下啤酒素來有一定品質，這款啤酒在台灣的啤酒愛好者間流通發光，很少流到市面上，屬於看到必收購的珍稀之作。Ayinger 以 50% 以上的小麥取代原本百分之百的麥芽，屬於巴克系列裡唯一用上德國愛爾酵母的啤酒。Weizenbock 倒出來像是混濁的土黃色，傳出香蕉味還與濃稠的蜂蜜與麥芽甜香，味覺鮮明有個性，有點像是在喝香蕉蜂蜜麥芽酒，絕對是迷倒女孩子必備的超級酒款。

國外必飲 · 傳奇酒款

Spaten Optimator

酒廠：Spaten-Franziskaner-Brau　地區：Munich, Germany

風格：Dubble Bock　濃度：7.6% ABV

特色：

德國大廠 Spaten 當然也生產這款具代表性的風格，雙倍巴克。這款啤酒的色澤帶紅桃花木，有著非常複雜渾圓的滋味，令人意猶未竟，適合喜歡濃黑麥芽滋味的人。入口先是溫暖牛奶般的焦糖香氣，混雜著藥草與葡萄乾，尾端浮現苦巧克力的滋味，並有微微酒精炙熱感。整體優雅均衡，宛如德國貴族般迷人。

Schneider Aventinus

酒廠：Weisses Brauhaus G. Schneider & Sohn　地區：Melheim, Germany

風格：Weizenbock　酒精濃度：8.2% ABV

特色：

Schneider 是捍衛小麥啤酒釀造權的打手，他們旗下的小麥巴克同樣是一款美味非凡的啤酒。深紫色與金色字體的瓶身有如走時裝秀般亮眼，一倒出，濃郁的香蕉、草莓滋味便竄入鼻尖，氣泡如好戰的鬥士般橫衝直撞。色澤深棕又混濁，入口先是有些糖漿與辛香料感，接著湧出深色水果如黑棗與深巧克力的濃郁味覺，萊姆酒般的酒精味感持續滑至喉間作為結尾。這是一款優雅絕倫的均衡啤酒，但如果只習慣皮爾斯，可能會有酒精感過重的印象。

其他推薦：

Aass 酒廠，Aass Bock，6.5%、Einbecker Brauhaus AG 酒廠，Einbecker Mai-Ur-Bock，6.5%

Marzen
實驗木桶中的美麗奇蹟

1871 年實驗木桶中閃亮的紅銅色彩，是深色酒體中的淺色奇蹟，圓潤甜美的氣息，焦糖、核桃苦味的餘韻，其滋味之豐，迷倒不少酒鬼……

紅銅色的 Marzen 最早為維也納釀酒師 Anton Dreher 的實驗酒款，1871 年，跟 Anton 認識的 Spaten 釀酒師兼老闆 Joseph，敲開他的實驗木桶，流瀉出紅銅色閃閃發亮的啤酒時，眾人發出驚歎的聲音。這是慕尼黑人第一次看到如此淺色的啤酒，在此之前，啤酒都是焦黑色 。

Marzen 是德文的 March，三月啤酒之意，純酒令規定不能在四月到十月釀造啤酒，因此三月時就得釀造大量酒體強壯的啤酒，放入冰涼的地窖內發酵熟成達半年，十月啤酒節時就有足夠的酒量大喝特喝。1972 年十月啤酒節，Spaten 將 Marzen 正式介紹給民眾，很快大受慕尼黑人歡迎！從此以後，Marzen 就跟 Octoberfestbier 劃上了等號。

酒精濃度略強，約 5.6%，入口拉出圓潤甜美的氣息，焦糖、核桃苦味的餘韻，獨特的滋味迷倒不少酒鬼。如今十月啤酒節最受歡迎的啤酒已被 Helles（金拉格）取代，Marzen 的詢問度反而不高，甚至漸漸不再出現，反而不少美國精釀酒廠對這款風格非常的有興趣。它的焦糖香跟炭烤可說是絕配！相信中秋節烤肉如果準備一箱，不論是烤豬肉、香腸，或各種蔬菜都很合適，適當的苦味還會減輕油膩感。

台灣極品 · 頂尖酒款

Sudwerk Marzen

酒廠：Sudwerk Restaurant and Brewery　地區：Davis, California

風格：Marzen/Octoberfest　濃度：5.3% ABV

特色：

美國精釀酒廠受到德國影響，對於釀造傳統的 Marzen 滋味情有獨鍾，Sudwerk 便是其中之一。偶爾會在大潤發看到 Sudwerk 的身影，這款來自加州的酒廠企圖守護正宗的德國味，從德國進口麥芽、啤酒花，希望把地域性縮到最小。這是順口又適合配菜的「鄰家女孩型」酒款。Sudwerk 的 Marzen 有著中度飽滿的酒體，清爽中充斥著甜美的核桃與焦糖風味，苦味比德國的 Marzen 味道更重，搭配油膩菜色更合適。

國外必飲 · 傳奇酒款

Spaten Octoberfestbier Ur-Marzen

酒廠：Spaten-Franziskaner-Brau　地區：Munich, Germany

風格：Marzen/Octoberfest　濃度：5.9% ABV

特色：

Spaten 是世界拉格史上最重要的啤酒大廠，Sedlmayr 家族在啤酒近代史有舉足輕重的地位，研發了德國第一款出名的淡色啤酒 Marzen，間接影響了 Helles、Dortmunder 等風格誕生。名聞全球的 Carlsburg 也是從 Spaten 拿到拉格酵母，進一步研發「單一拉格酵母」，改變了全世界！ Spaten 從 1397 是一間啤酒酒吧，最早是由 Franciscan 僧侶擁有，和 Franziskaner 合併後成為了 ABInbev 的一員。這款 Marzen 有著圓渾多汁的焦糖與核桃滋味，甜美嬌麗，難怪是早年十月啤酒節的搖滾巨星。

Ayinger
Echte Bierkultur genießen
Ayinger
Ayinger

老啤酒
愛爾發酵的傳統德風

以較一般愛爾發酵更低溫的環境發酵，之後再用拉格低溫長時間的方式熟成，讓它融合了愛爾與拉格各自的優點……

Altbier 翻譯為老啤酒，也是北德早期傳承下來的傳統口味，區域性極強，主要分布於北萊茵區的 Dusseldorf、Munster、Hanover 等城市。雖然德國實行純酒令，但這萊茵區因為特殊的啤酒文化，得到赦免權，讓德國啤酒免於過分單調的下場。

老啤酒的濃度約 5% 上下，在比一般愛爾發酵更低溫的環境發酵，之後再用拉格低溫長時間的方式熟成，讓它融合了愛爾與拉格各自的優點。一般色澤紅銅偏棕，泡沫綿密自然，具備清爽卻富含果香的口感，尾端的啤酒花味極為明顯，其具層次感的複雜度讓人津津樂道。德國 Dusseldof 當地人對自家的 Alt 尤其引以為豪，當地人喝酒都會挑 Altbier 勝過流行的 Helles。當初在紐約酒吧第一次喝到 Frankenheim Altbier，當下如一陣暖風般溫暖心靈，大嘆怎麼會有這麼好喝的啤酒！它不像比利時啤酒讓人一喝難忘，但溫暖的麥芽香氣與些微果香，清澈的流入喉間，接著浮現啤酒花香，有如老朋友般耐人尋味。可惜的是台灣完全找不到任何的 Altbier，只能趁自己或親朋好友出訪德國時，帶上幾瓶回家了！

國外必飲 · 傳奇酒款

Uerige Sticke

酒廠：Zum Uerige　地區：Dusseldorf, Germany

風格：Altbier　濃度：4.7% ABV

特色：

位在 Dusseldorf 的 Zum Uerige 酒吧，是最受歡迎的景點之一。服務生會直接從木桶倒出紅棕色的 Altbier，沒有過濾殺菌更是美味異常。自 1862 年開始釀造，Zum 酒廠出產好幾款老啤酒，最經典的為 4.6%的 Altbier，酒色帶出美麗的紅棕色與綿密堅實的泡沫，用上德國 Spalter 啤酒花，這款酒不甜，但深沈熟透的果味增加「老」味，啤酒花強烈帶藥草香的苦氣加在協奏曲裡，彷彿聽到一曲緩慢韻味十足的老歌般。

其他推薦：

Schumacher 酒廠，Schumacher Altbier，4.6%、Privatbrauerei Frankenheim 酒廠，Frankenheim Altbier，4.8%

HOFBRÄUHAUS
LÖWENBRÄU
HB
MÜNCHEN
Hacker-Pschorr

PAULANER-B
SPATEN-
PAULANER
MÜNCHEN

Kolsch
科隆限釀的精緻風格

科隆當地法律規定，只有在科隆釀造才能被稱為是Kolsch，包括飲酒杯子都有長形的規格，甚至貼上EU專屬貼紙……

科隆大教堂相信大家都聽過，論及啤酒，當地每間酒廠都主打風格科隆的特產Kolsch，並引以為傲。位在北方的科隆當地法律規定，只有在科隆釀造才能被稱為是Kolsch，包括飲酒杯子都有長形的規格，甚至貼上EU專屬貼紙，足見科隆人有多保護自家啤酒。

Kolsch跟Altbier相同都是上層發酵的愛爾，之後低溫熟成數月。然而Kolsch卻用上淡色的皮爾斯麥芽，外觀或口味上都跟皮爾斯啤酒相似，但一喝就能察覺差異。Kolsch因酵母關係尾勁更加乾爽，淡雅芬芳，且加上細緻的果香與明顯酸氣，簡單來說，就是皮爾斯與愛爾的綜合體，在市場上獨樹一格。

Kolsch清爽的滋味很適合撒上酸醬的沙拉、白魚等味道淡雅的菜色。這種地域性強烈的啤酒在台灣都很難看到，我曾在美國各自喝到酒廠Dom與Reissdorf的Kolsch，第一口像極了Pilsner，但麥香更細膩，也多了檸檬般的酸果味，感覺得出來是比皮爾斯飽滿一些的酒款。美國精釀酒廠也大量複製類似Kolsch的風格，多在夏天時節推出，提供皮爾斯啤酒的另一種美味選擇！

國外必飲 · 傳奇酒款

Reissdorf Kolsch

酒廠：Brauerei Heinrich Reissdorf　地區：Koln, Germany

風格：Kolsch　濃度：4.8% ABV

特色：

Reissdorf 創辦人 Heinrich Reissdor 本來是一名農夫，因緣際會接手了老酒廠後，如今傳承至第三代。二次世界大戰後，摧毀了酒廠，Reissdorf 家族很快的重建後並升級成現代釀酒設備。它是科隆第一間將 Kolsch 裝瓶的家族酒廠，並推廣到全世界的酒廠，其金黃色的酒色有著橘子與啤酒花的香氣，第一口的感覺跟皮爾森非常類似，氣泡感輕盈，明顯的柑橘酸香佔據了第一印象，之後以些微的啤酒花苦味收尾。可惜地域性太強，德國以外的地區不常看到。

其他推薦：

Dom-Brauerei GmbH 酒廠，Dom Kolsch，4.8%、Sunner 酒廠，Sunner Kolsch，5.4%

煙燻啤酒
復時懷舊的手工珍品

過去麥芽乾燥技術不發達，煙直接燻到麥芽上，煙燻味遂成啤酒的基本香氣；至今燻烤麥芽卻是費時耗力的手工製程，懷舊滋味轉而成為一種流行……

每當有機會喝到煙燻啤酒時，都會聯想起 18 世紀以前的啤酒味道。早年麥芽乾燥技術不發達，煙直接燻到麥芽上，讓「煙燻味」成了啤酒的基本香氣。如今科技發達，懷舊的滋味反而成了一種流行，燻烤麥芽製成的啤酒成了費時耗力的手工品，也成了啤酒人士「見到必收」的珍物。

北德城鎮，班柏格（Bamberg），又以釀造煙燻拉格啤酒出名，用上鄰近森林的山毛櫸木燒烤過的麥芽做基底，讓酒體充滿了招牌的培根肉香。Bamberg 最出名的酒廠就屬 1678 年開始營運的 Schlenkerla，每每手工煙燻麥芽超過 24 小時。Bamberg 也有專門烘烤麥芽的製造商 Weyermanna，替酒商省時間。煙燻啤酒可以製作成各種風格，又屬 Marzen 最正統，另外也有 Helles、Weiss、Bock 等各種系列，獨特的滋味有很高的辨識能力。

如今不少美國精釀酒廠嘗試自家煙燻麥芽，如 Alaskan 酒廠等，嘗試釀出煙燻滋味的波特。我曾在日本喝到富士櫻高原酒廠的煙燻巴克啤酒，煙燻味隱隱作現，跟 Schlenkerla 相比還是差了一截。這種酒強烈的煙燻香味跟烤肉帶出的炭香是天造之合，無論是中秋節烤肉或美國 BBQ 都跟這款啤酒都是絕妙搭檔。可惜的是台灣並沒有進口，也許哪位台灣釀酒師使用龍眼木自行煙燻起麥芽，就成了台灣風格的煙燻啤酒！

國外必飲 · 傳奇酒款

Aecht Schlenkerla Rauchbier Dopplebock

酒廠：Schlenkerla　地區：Bamberg

風格：Rauchbier Doppelbock　濃度：8.00% ABV

特色：

這家堅守傳統的釀酒商受到全球愛酒人士的追捧，至今還在自家地下室烘烤麥芽，將酒質染上令人讚歎不已的烘烤氣息。Schlenkerla 的啤酒用上百分之百的煙燻麥芽，由於手工煙燻麥芽，產量不多，產品以 Marzen 為正宗，但 Dopplebock 就屬於少見的珍品了。Dopplebock 想當然是一款風味飽滿複雜的啤酒，一倒出來味道太棒了！濃郁的烘烤培根滋味就猛烈的衝上鼻尖，真實到有如端出了一盤剛燻好的煙燻烤肉，入口濃烈卻愉悅的木頭燻香霸佔了整個舌尖，愉悅的烘烤麥芽甜味與焦糖氣息反成了配角，結尾意外的清爽，沒有餘贅感，如此的起承轉合，難怪是一支世界級的啤酒！

其他推薦：

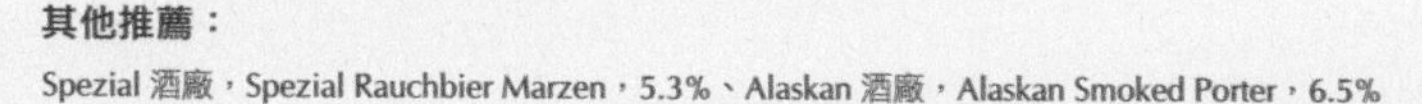

Spezial 酒廠，Spezial Rauchbier Marzen，5.3%、Alaskan 酒廠，Alaskan Smoked Porter，6.5%

美國精釀酒廠的歷史一如美國歷史般，建國時間短，少了歷史包袱，才能以初生之犢之姿，成就一番大事業。這些小型酒廠更巧妙的將啤酒包裝成有個性的文化選擇，魅力襲捲全球。台灣近幾年終於有酒商注意到這一塊，紛紛進口來自美國西岸的工藝啤酒，且陸續引進更多品牌，也讓我這個在美國愛上精釀啤酒的酒鬼，終於有機會跟好朋友一同分享。

American Beer
美國啤酒

美國淡愛爾 × 琥珀愛爾
狠勁下的飽滿情意

美國精釀酒廠雖以傳統風格為藍本，關鍵字在「濃厚」，同時也不在乎教科書的釀造方法，常將個人喜好與品味帶入啤酒，口感更豐富……

想像一下，如果你是第一次踏入西雅圖的 Brouwer's Cafe，肯定會有種劉姥姥入大觀園的感受，突然一陣心慌意亂。光是吧檯前整排一百多種的生啤酒，後方玻璃櫃排了五公尺長的瓶裝啤酒，在選擇上就讓人很頭痛，更何況它們來自五花八門的陌生酒廠，後頭還寫著一堆難解的名詞風格。直到酒保跟你點酒時才回過神來，原來啤酒竟然如選秀會一般華麗燦爛，令人瘋狂！

美國是如今工藝啤酒中最有活力的市場。在 1920 年禁酒令之前，美國曾經有兩千多間酒廠以英式與德式，1933 年解除之後卻只剩 40 幾間，且清一色釀造味道類似的大眾拉格。作家 Garret Oliver 便曾提到，當酒吧內大眾拉格的生啤喝完之後，曾有酒保隨便挑另外一間大眾品牌裝上去，竟沒人發現任何差別！1970 年代是覺醒的開始，先鋒者如 Jack McAuliffe、Bert Grant 都等開始釀造英式口味的愛爾，吸引了渴望變化的群眾。接著雷根總統在 1978 年將家庭釀酒合法化後，微型酒廠更如雨後春筍般冒出，直至今日，已有 1700 多間中小型的精釀酒廠。美國精釀酒廠雖然以傳統風格為藍本，但是關鍵字就是

「濃厚」，啤酒花雙倍、麥芽雙倍、烘焙大麥雙倍等，再加上啤酒花冷泡，有時更選擇不殺菌不過濾酵母，口感更豐富。美國釀酒師也不在乎教科書的釀造方法，常將個人喜好與品味帶入啤酒，如果喜歡西瓜汁，何不試試將西瓜汁放入啤酒？啤酒為何不能像香檳般優雅，那麼用香檳酵母試試釀造啤酒？不少釀酒師也是行銷高手，無論是發表限定款試喝或與樂團聯合活動等，種種因素讓啤酒無時無刻都有新話題，也讓精釀啤酒市場每年以20%幾數字成長！如此蓬勃的發展也間接影響到了全世界，如日本、義大利，甚至到台灣、新加坡等地，甚至連傳統產區如英國或比利時，都開始了更大膽的實驗。

如果你是第一次品嘗美式淡愛爾（American Pale Ale），那麼你肯定會被濃烈苦味給嚇到，有如一拳重擊喉嚨般讓人無法招架。然而當你品嘗越多越熟悉之後，便會愛上那股狠勁，而自願當「被虐狂」。相較於英國淡愛爾（English Pale Ale），美國淡愛爾最大的差別就在原料。早期航運費昂貴，美國人就地取材麥芽與啤酒花，然而美國的麥芽不似英國的麥芽有濃郁的餅乾與麥芽香氣，口味相對單薄，因此致勝點只好落在特殊的啤酒花品種，Cascade 等美式啤酒花。

啤酒花 Cascade 是 1972 年在奧勒岡州立大學實驗室裡培養出的新品種。只要認識 Cascade 的味道，就能體悟到美國啤酒的精髓。Cascade 是由英國的 Fuggle 與美國原生種培育的產物，最大的特色就是有著葡萄柚皮與柑橘的香氣，濃郁到讓人覺得像在聞香水味，此外還伴隨著杉樹與黑加侖的口感。除此之外 Cascade 的苦味也非常飽滿，兩者相乘之下都讓美國淡愛爾有著又香又苦的豪邁印象。美國釀酒師也喜歡

Bim

同時加入美國啤酒花如 Chinook、Centennial 或近來流行的 Simcoe、Amarillo 品種等，加深了消費者「一喝就知道是美國啤酒」的印象。讀到這裡，你應該很想趕快喝一杯標準的美國淡愛爾吧。美國淡愛爾的顏色從深金黃色到偏紅，酒精濃度偏高，啤酒花香氣濃烈但麥芽味也比較淡薄。除了上述原料造成的影響外，美國人也選擇口感中立的酵母，不似英國酵母產生濃郁的果味，讓啤酒花香氣更立體。而它的強烈苦味與柑橘味適合搭配香辣的菜色，川菜如宮保雞丁，泰國菜如酸辣魚，或者墨西哥菜常見的莎莎醬等，配一杯美式淡愛爾有如兩位好友見面般，肯定擦出不少火花。美國幾乎每間酒廠都會釀造 Pale Ale，釀的好的多如過江之鯽，看你在哪個城鎮喝到它。我認為最棒的 Pale Ale 出現在你熟悉的酒吧，且以保存酵母無殺菌過濾的生啤方式在眼前倒出，那伴隨著是一種烙印在心中的旅遊回憶，美味無可取代。

台灣極品 · 頂尖酒款

Anchor Liberty Ale

酒廠：Anchor Brewing Company　地區：California, USA

風格：American Pale Ale　濃度：6.0% ABV

特色：

Anchor 釀酒廠在美國精釀史上有極重要的地位，等會在 Steam Beer 的部份長篇介紹。Liberty Ale 在 1975 年問世，年齡比我還要老。它曾在我們舉辦的美國品嘗會中得到最多女生們的好評推薦，柔美的酒體與芬芳的柑橘味質感優雅，苦味也變得很性感。這款啤酒的風格介於美國淡愛爾與美國 IPA 之間，是美國最早一款的淡式愛爾，影響了許多後世的酒款。Liberty Ale 只用一款啤酒花 Cascade， 熟成過程再用 Cascade 進行冷泡，將 Cascade 的魅力一次展現。光聞 Liberty Ale 的細膩泡沫，眼前就浮現新鮮成堆的啤酒花，有著杉樹針、萊姆、葡萄柚、柑橘的香氣，入口後如海浪般襲來，接著才是新鮮的麥甜與苦味收尾，口感舒服又讓人回味不已。

Rogue American Amber Ale

酒廠：Rogue Ales　地區：Oregon, USA

風格：American Amber Ale　濃度：5.6% ABV

特色：

一般的淡愛爾如果加了更多焦糖麥芽，顏色偏紅棕，就成了美國紅愛爾 (American Amber Ale)。瓶身上藍領階級的工人後方是美國國旗，說明了這是一款粗獷型的啤酒。啤酒花除了標準的美式 Cascade，還放入了英國香味型的啤酒花 Kent Golding，香味迷人，飄出明顯的焦糖、太妃糖，與杉樹針味覺，也混合了一點烘烤香氣。口感同樣有明顯的焦糖、太妃糖甜味與乾爽的啤酒花香，豪邁的苦味讓人很想發出「哇」一聲的痛快感，在嘴中繚繞不散。

其他推薦：Malt Shovel Brewery 酒廠，James Squire The Chancer Golden Ale，4.5%

國外必飲．傳奇酒款

Sierra Nervada Pale Ale

酒廠：Sierra Nevada Brewing Co.　地區：California, USA

風格：American Amber Al　濃度：5.6% ABV

特色：

Sierra Nervada 在加州有如陽光一般普及，連在機場裡的咖啡廳都能見到這款酒的身影。這間酒廠是加州的傳奇，1979 年出產的淡愛爾替美國淡愛爾設立了典範，甚至被暱稱為「加州淡愛爾」。Sierra 的創辦人 Ken Grossman 在學生時代就很有生意頭腦，跟家人借錢創立了酒廠，31 年過後成為了全美第七大的釀酒廠。這款淡愛爾的滋味歷久彌新，啤酒帶出深金銅的顏色，飄出標準的 Cascade 香氣：葡萄柚、萊姆、杉樹針與黑醋栗，支撐著有著適當麥甜度與新鮮穀粒滋味的酒體，嘴中留下寬廣的苦味餘韻。如果能在完美的加州豔陽天下飲上一杯，感覺更對！

其他推薦：Hale 酒廠，Hale's Pale Ale，5.0%

蒸汽啤酒
淘金史下的酵母移民

蒸汽啤酒起源於美國19世紀中加州的「淘金熱」，當時許多新移民紛紛來到加州尋夢，他們也順勢帶來拉格酵母，讓釀酒事業在加州生根……

無論任何風格經過美國人的巧手改裝後，都能包裝出截然不同的口味，甚至更大膽創新。然而只有一種風格是全然發源自美國歷史的「土生種」，那就是Steam Beer，蒸汽啤酒。

蒸汽啤酒起源於美國19世紀中加州的「淘金熱」，當時許多新移民紛紛來到加州尋夢，他們也順勢帶來拉格酵母，讓釀酒事業在加州生根。然而，天氣炎熱的加州並不適合低溫發酵的拉格酵母，當時冰箱尚未發明。當地人轉念一想，便將拉格啤酒放在開放的淺碟發酵槽快速發酵，加快散熱，並且很快的轉至木桶熟成後上市。啤酒則因發酵度不完全在木桶裡繼續發酵，敲開木桶時，大量的氣泡往上衝，蔚為小景，「蒸汽啤酒」也因此得名。

如今科技普遍發達，釀酒師已能隨心所欲的調控溫度，Steam Beer也成了一種懷舊滋味。1970年代Anchor酒廠將這款啤酒重新詮釋並上市，我們很幸運的在台灣能喝到1970年代由Anchor酒廠復刻釀造的Anchor Steam Beer。這款強調用傳統製作方式的 Steam Beer 有著橘子果醬般與混合加州啤酒花的柑橘香，入口飽滿的熟果香外卻很輕澈，且有毫無雜質的滑順感。由於 Anchor 釀酒師 Fritz Maytag 不希望其他酒廠使用“Steam Beer”一詞，也讓 Anchor Steam 成了 Anchor 酒廠最佳的宣傳武器。

台灣極品 · 頂尖酒款

Anchor Steam Beer

酒廠：Anchor Brewery　地區：California, USA

風格：Anchor Steam　濃度：4.9% ABV

特色：

Anchor 酒廠是美國精釀啤酒廠的拓荒者，如果瞭解美國精釀啤酒的歷史，就不可能不認識 Anchor 酒廠。1965 年市場上只能找到淡薄如水的拉格，年輕的史丹佛畢業生，Fritz Maytag 放棄了家中生意，借錢買下舊金山即將倒閉的鐵錨酒廠，一連推出了 Liberty Ale、Porter、Oldfrog Horn 等，1979 年更將他最喜歡的酒款 Steam Beer 裝瓶上市。Anchor 勇於突破與創新的精神一直不斷被美國酒廠效仿，更啟發了無數的家庭釀酒師。這款經典的 Steam Beer 入口有飽滿的熟果香氣，尾勁卻很滑順，苦味不似一般美國啤酒尖銳，在舌尖上給予柔和卻又溫暖的味覺感受，搭配沾上番茄醬的比薩或義大利麵非常適合。

MAGIC HAT
FLYING DOG
MAGIC HAT
HARPOON

美國IPA
釀酒師的賞玩創意

美國人大肆使用啤酒花，並運用Mash Hop或Dry Hop的方式增加香氣與苦度，讓IPA成了美式啤酒花的秀場舞台……

如果美國釀酒師聽到「吃得苦中苦，方為人上人」這句中國道理，肯定會頻頻點頭叫好，因為美國人對於IPA這種濃烈的風格已經到了執著狂熱的地步。

英國的章節有簡介到IPA（India Pale Ale）的歷史，它曾浮沈在開往印度的大西洋上，美國人則讓這款被人遺忘的風格重新浮上檯面，並將定義簡單化，強調比淡愛爾用上「更多啤酒花，更多麥芽，酒精濃度更高」。這也讓美國人找到最棒的藉口發揮他們對「濃厚」的偏愛，大肆使用最愛的啤酒花，並運用Mash Hop（糖化時投啤酒花）或Dry Hop的方式增加香氣與苦度。點子特多的美國釀酒師更發展出變種的IPA，像是雙倍滋味的雙倍（Double）或帝國（Imperial）的IPA、加入小麥釀造的小麥IPA、加入烘烤麥芽的黑IPA等等，每年新風格持續增加中！

雖然酒商們爭相釀造這款啤酒，好的IPA卻沒那麼簡單。酒精濃度從6%到嚇人的24%，濃郁之餘必須兼備平衡感，一失手就顯得甜苦膩人，但釀的好，就會讓人直奔啤酒天堂，大量的檸檬、柑橘、鳳梨、焦糖、奶油、杉樹、糖果與無情的苦味席捲舌尖，將你推倒在地，然而色彩斑斕叫人視線轉不開，最後無法自拔的 Fall In Love。一如淡愛爾，美國多數的酒廠都生產美味的 IPA，要在這些傳奇酒中取捨實在不容易，也不公平，以下只是繁星中的數款而已。

台灣極品 · 頂尖酒款

The Immortal IPA

酒廠：Elysian Brewing Company　地區：Washington State, USA

風格：American IPA　濃度：6.2% ABV

特色：

美國人釀啤酒沒有什麼禁忌，就連啤酒名稱都隨心所欲，之前密西根州的飛狗釀酒廠就因出了一款難聽的「瘋狂婊子 IPA」，被政府禁止釀酒。這款 Elysian 的「不死之身」狂妄卻優雅許多，屬於 Elysian 酒廠的基本款，維持一貫的好品質，是西雅圖餐廳內最熱賣的啤酒之一。釀酒師 Dick 用上美式啤酒花 Chinook 添苦味，後段加入 Amarillo 與 Centennial，創造出高達 65 的 IBU 苦味值，英式的麥芽果香與北美的啤酒花達到不可思議的均衡感，餅乾奶油香氣後浮現著強烈的杉樹與柑橘味，讓人喝完還覺得意猶未竟，想再喝一杯。

Avatar Jasmine IPA

酒廠：Elysian Brewing Company　地區：Washington State, USA

風格：American IPA　濃度：6.3% ABV

特色：

啤酒加入茉莉花，聽起來多麼浪漫，更何況加入了強壯的 IPA 內，像是將茉莉花嫁入了 IPA 家門一般。Elysian 茉莉花 IPA 是酒廠的經典之作，當年釀酒師 Dick 當啤酒評審時受到啟發後，堅持只用來自雲南的茉莉花，貨源短缺就不釀，曾有半年以上沒在市面上出現，堅持品質也贏得 2008 年的世界啤酒金牌。這是美國唯一一款茉莉花啤酒，一聞，彷如置身茉莉花叢中，將苦味變得溫柔魅人。並有著奶油餅乾的香味，更添高雅氣息。Dick 喜歡將這款啤酒與印度菜做搭配，像是辣雞、蔬菜咖哩，或豬排三明治等，你何不試試看呢？

Muskoka Mad Tom IPA

酒廠：Lakes of Muskoka Cottage Brewery　地區：Canada

風格：American India Pale Ale　濃度：6.4% ABV

特色：

MUSKOKA 的釀酒廠位在加拿大東南方的安大略省 (Ontario)，看似遙遠，其實他們首席釀酒師為來自台灣的 James 田以正，旗下啤酒多次在 Ratebeer 網站得高分，他本人更分別得到加拿大家庭釀酒比賽銀牌與金牌，堪稱另類的台灣之光！這款 IPA 讓人感受到「冷泡啤酒花法」與美式 IPA 的魅力。James 用上 Chinook、Centennial 和 Cascade、Centennial 煮沸與冷泡，彷如一顆美式啤酒花炸彈般震撼。讓瓶身上的瘋狂湯姆暗夜偷渡這款美味啤酒，描述啤酒美味到讓人當了偷竊犯。倒出顏色呈現漂亮的橘紅色，一入口強烈的葡萄柚皮、柑橘、花香在嘴巴內綻開，苦味直通舌根後方，引來一陣強烈的回甘，夏日飲用一杯非常過癮，豪邁的苦味也適合跟炸物搭配。

國外必飲 · 傳奇酒款

Lagunitas IPA

酒廠：Lagunitas Brewing Company　地區：California, USA

風格：American IPA　濃度：6.2% ABV

特色：Lagunitas IPA 是加州最常見的 IPA 之一，超市內就常見這款 IPA 在架上，甚至連加拿大也買得到。Lagunitas IPA 的顏色為漂亮的紅銅色，泡沫非常濃密，整體外型相當迷人。鼻尖上就帶出強烈的檸檬與柑橘味，入口酒體中等，先是麥芽如焦糖般的甜味後，襲來啤酒花的花香與柑橘香，接著以清爽的苦甜收尾。雖然說不上驚艷，卻有中規中矩的表現，成了不少美國人郊遊踏青或者上館子配菜的首選。

Pliny the Elder

酒廠：Russian River Brewing Company　地區：California, USA

風格：Imperial IPA　濃度：8.00 % ABV

特色：

Russian River 是加州索納瑪區域 (Sonoma County) 知名的葡萄酒區，近年崛起了不少優質釀酒廠，Russian River 就是最好的例子。這裡的人可說是既懂葡萄酒，又懂啤酒。Russian River 的第一代主人就擁有一座葡萄園，第二代的主人兼釀酒師 Vinnie Cilurzo 則生長在葡萄酒家族。Vinnie 號稱為 1994 年 Imperial IPA 的發明人，他釀的 Pilny the Elder 也被喻為世上最棒的 Double IPA 之一，受到啤酒迷爭相追捧。Pliny the Elder 顏色呈金黃色，滋味複雜卻輕盈曼妙，猶如舞者般完全不被高酒精感給拖累，揮灑出鳳梨、芒果、蘋果等新鮮水果滋味，緊接而來的是薄荷與新鮮杉樹味，依附在柔軟的麥芽主體上。Vinnie 強調這款酒需要「新鮮喝」，不像一般釀酒師因高酒精濃度而強調陳年，足見對自家產品的自信。

Double Jack

酒廠：Firestone Walker Brewing Co.　地區：California, USA

風格：American Imperial IPA　濃度：9.5% ABV

特色：

酒廠名稱火石行者（Firestone Walker）感覺像 Online 遊戲裡出現的英雄，酒如其名，多數酒款一入口就有「沈穩老行者」的感覺。位於葡萄酒產區 Paso Robles 的 Firestone 是得獎連連的優質酒廠，曾經拿過中型酒廠三次的世界啤酒冠軍，旗下酒款更是美國啤酒節 (Great American Beer Festival) 的常勝軍，釀酒技術備受肯定。Double Jack 是雙倍 IPA，酒精濃度高達 9.5%，以濃厚的麥芽為主體，搭配大量的橘子、葡萄柚、水果香氣，再滑出草藥與大地的滋味，既活潑又有沈穩的感覺。大量香氣環繞住整個口腔，複雜卻不膩，讓我光想就流下口水。

60 Minutes IPA

酒廠：Dogfish Head Craft Brewery　地區：Delaware, USA

風格：American IPA　濃度：6.00 %

特色：

早年出名的啤酒廠往往在加州或波士頓等地，中部酒廠如科羅拉多或密西根州也有為數不少的優質酒廠，現在就連少為人知的 Deleware 州（德拉威州）都有火紅酒廠 Dogfish Head。Dogfish Head 的口號是「怪人喝的怪啤酒」，任何你想到的奇怪原料都可以拿來釀酒。超強的行銷手法常讓啤酒狂們排隊搶新酒款，創造前所未有的景況。這款 IPA 是常銷型的啤酒，60 意指加入 60 次啤酒花在 60 分鐘的滾沸當中，另外還有 90 Minutes IPA、120 Minutes IPA 等，強調濃稠麥汁與柑橘草香味，混雜著牛油般的飽滿濃郁感之餘，尾勁拉出乾爽。我個人認為 120 分鐘麥汁太甜太濃稠，反而是 60 最能品嘗的出這款 IPA 的魅力。

其他推薦：

Anderson Valle 酒廠，Hop Ottin' IPA，7.0%、Stone 酒廠，Stone Ruination IPA，7.7%、Port 酒廠，Hide Tide Wet Hop IPA，6.5%

DESCHUTES
MIRROR POND
PALE ALE
BREWERY

美國紅拉格
苦香中的芬芳甜蜜

釀酒師在釀製過程中放入更多的焦糖或烘烤麥芽，美式啤酒花的柑橘味與苦香成了最搶眼的配角，整體來說口感均衡且滋味豐富，卻保有拉格的清爽感……

上層發酵的愛爾是許多家庭釀造師（Homebrewer）的選擇，原因有幾項：對大眾拉格印象不好、愛爾變化多等，但追根究柢，如果沒有完善設備，拉格其實比愛爾更難釀造，不僅溫度控制零度以下，儲藏時間也要拉長，考驗著釀酒師的技巧。

1980年代中期，精釀酒廠實驗了一系列的愛爾後，又想起了下層發酵的拉格，但市面上的工業皮爾斯早已壟斷市場，要如何才能與之有區分呢？德國十月啤酒節流行紅色的Marzen（梅爾森），又名為維也納拉格（Vienna Lager）就成了釀酒師的答案。美國東岸的酒廠率先發起革命，位於波士頓的酒廠Samuel Adams釀造出第一支維也納風格的「波士頓拉格」，在紐約的布魯克林酒廠也出產「布魯克林拉格」後，至此維也納拉格就與美國紅拉格畫上等號。

美國紅拉格跟歐州維也納的差別在於風土條件。同樣都是 5% 上下，美國麥芽少了德國麥芽的麵包味與柔美香氣，釀酒師改放入更多的焦糖或烘烤麥芽，增加焦糖甜味。美式啤酒花的柑橘味與苦香成了最搶眼的配角，整體來說口感強調均衡且滋味豐富，卻保有拉格的清爽感。如果喜歡清爽的皮爾斯口感，美國紅拉格是比一般大眾啤酒更合適的選擇。這款酒因為有豐富的焦糖香氣，搭配各式西方菜如義大利麵、比薩、炸雞、墨西哥菜等都非常適合，甚至比皮爾斯更棒！

台灣極品．頂尖酒款

Samuel Adams Lager

酒廠：Boston Beer Company(Samuel Adams)　地區：Massachusetts, USA

風格：American Lager　濃度：4.9% ABV

特色：

擠身在 7-11 的架上，顯眼的字體宛如明星現身在人群中，隔外引人側目。Boston Beer 是精釀酒廠的商業典範，創辦人 Jim Koch 是哈佛商學院畢業的高材生，來自六代傳承的釀酒世家，然而爸爸一代卻已有 30 年不釀酒。1984 年 Jim 憑著曾曾祖父的釀酒配方創辦酒廠，充分運用金融背景精準行銷，最終在華爾街以 SAM 之名掛牌上市，堪稱一代奇蹟！雖為商業導向，但啤酒品質卻不因此屈服。這款拉格的顏色透著銅紅色的晶亮色澤，用上美國與德國的啤酒花如 Hallertau Mittelfueh、Tettnang 等，帶給啤酒豐富的花香、草藥與杉木的香氣。Boston Lager 以麥芽焦糖香的中等酒體支撐，香氣飽滿，先是甜美的柑橘、焦糖、餅乾般的口感，接著尾勁繞出花香與草藥香，乾爽迷人。酒精讓人既能輕鬆面對，又不感到味覺無聊，足以打敗市面上一整票無趣的 Pilsner Lager ！

Brooklyn Lager

酒廠：Brooklyn Brewery　地區：New York state, USA

風格：American Lager　濃度：5.2% ABV

特色：

紐約市的布魯克林區曾經是美國最大的釀酒中心，禁酒令前曾有多達 45 間以上的酒廠，那時維也納風格的拉格就曾是最受歡迎的一種。Brooklyn 酒廠於 1987 年建立，創辦人一位是記者，一位在華爾街工作。當初先從家居釀造開始，如今成為全美知名的傳奇酒廠。這款受歡迎的美國拉格風味飽滿卻純淨，釀酒師並將拉格酵母放在相對高溫的環境發酵，帶出果香味，且放入為數不少的焦糖麥芽，再將一般用在愛爾的 Dry-Hopping 帶入拉格，讓焦糖的甜味酒體滲透了美式啤酒花的香氣。一款如此用心的拉格價格卻與淡薄的美式大眾拉格相差無幾，你要選哪一種呢？

美國司陶特 × 波特
花樣下的百變焦點

近年來司陶特是美國釀酒師喜歡挑戰的啤酒，味覺變化多端，前中後段變化都不同，且範圍差距非常大，不同酒廠能帶出不同的驚喜……

曾經有一段時間，我最喜歡的風格就是美國的司陶特 Stout，去到哪都瘋狂蒐集司陶特，尤其又以口味濃厚的 Imperial Stout（帝國司陶特）為首選，就算扛了二十瓶啤酒回國也不喊累。美式相較英式版本，用當地麥芽與啤酒花，用量更多，口感更豐富。帝國司陶特的口味厚重，味覺變化多端，前中後段變化都不同，且範圍差距非常大，不同酒廠能帶出不同的驚喜。

美國黑啤酒酒精濃度從一般的 5% 到帝國型的 11%，它可能從很甜到很乾，有咖啡、黑巧克力、乾棗、深色水果，也可能有花香、黑莓，到濃縮咖啡般乾爽的苦香，美式啤酒花的味覺也是重點。好的司陶特甜味會與苦味互相平衡，烘烤味雖重但不會過頭，為美式啤酒花適當的拉開焦點。

近年來帝國司陶特是美國釀酒師喜歡挑戰的啤酒，釀造次數全球居冠。由於口感厚重，釀酒師喜歡拿來做實驗，將其放入波本桶內熟成數月，產生了椰子奶與香草的氣息。以前我在紐約時晚餐乾脆喝上一杯司陶特充饑，一杯大品脫 Pint 近 500ml 就覺得營養充足，大呼滿足。美國的波特則是美國司陶特的溫和版本，濃縮咖啡般的苦味減少，但卻多了焦糖香氣，更適合拿來搭菜，以下酒款只是繁星中的數款。

台灣極品 · 頂尖酒款

Anchor Porter

酒廠：Anchor Brewing Company

地區：California, USA

風格：American Porter

濃度：5.6% ABV

特色：

雖然 Anchor 以 Steam Beer 最出名，但我最喜歡的其實是他們的 Porter。這是一款如絲綢般滑順柔美，且帶出深巧克力、深色水棗、乾棗等氣息。Anchor 的氣泡一向綿密，鼻尖上的黑棗與啤酒花的氣息，入口後悠長的成熟果香與甘草味等，沒有粗獷的印象，反而更適合貴婦的下午茶，搭配手工的法式巧克力與蛋糕就更愉悅了。

Elysian Dragon's Tooth Stout

酒廠：Elysian Brewing Company　地區：Seattle, United States

風格：Oatmeal Stout　濃度：7.45% ABV

特色：

Elysian 的釀酒師 Dick Cantwell 一向以精湛的釀酒技術出名，台灣進口商目前只有小量進口，上次只進了十二箱，造成搶購！這款黑啤酒的酒體扎實，滋味溫潤又低調，有著燕麥黑啤酒的一貫特色，黑不透光，聞起來有咖啡與黑巧克力的味道。雖為 7.45%，卻沒有沈重感，低調的黑啤酒香氣中有著牛奶巧克力、花香、柑橘、草藥等醉人香氣，如普通濃度般乾爽耐喝，是一款不知不覺就讓人醉倒的美味啤酒。

Muskoka Double Chocolate Cranberry Stout

酒廠：Lakes of Muskoka Cottage Brewery　地區：Canada

風格：American Imperial Stout　濃度：8.0% ABV

特色：

這款啤酒為 Muskoka 酒廠的冬季限定款，並由台灣人 James Tien 全面主導，曾獲得 Ratebeer 網站 2010 年十月推薦酒款，在競爭激烈的北美市場十分不容易。這款限量啤酒用上 70% 的黑巧克力與加拿大新鮮的現採蔓越莓，在女孩子間大受好評。綿密的氣泡中傳出巧克力與 Expresso 般的香氣，一喝，啤酒彷彿滑入口中，深沉的黑巧克力中帶出黑棗、黑咖啡般的香氣，微微的果香酸味將整體口感沾上一點亮光，口感不甜又有層次，溫柔又細膩。

國外必飲．傳奇酒款

Stone Imperial Russian Stout

酒廠：Stone Brewing Co.　地區：California, USA

風格：Imperial Stout　濃度：10.5% ABV

特色：

Stone 是被釀酒師公認為最會釀啤酒的酒廠，我曾在波特蘭遇到釀酒師 Greg Koch，他滿頭金髮與挺拔的樣貌比較像彈吉他的搖滾樂手而非釀酒師，Stone 的酒也有 Greg 一般瀟灑的美味。這款帝國司陶特味覺上迷人的像一幅抽象畫，香氣上就有黑醋栗、茴香、咖啡、巧克力泉湧而上，入口後主要以烘烤麥芽為主，圍繞著黑糖、黑醋栗、橡木、香草等味覺，複雜到讓你忍不住想舔舔嘴唇，北台灣釀酒師阿傑喝到這款酒後大嘆「Stone 真是太會釀酒了！」。

Deschute Black Butte Porter

酒廠：Deschutes Brewery　地區：Dregon, USA

風格：American Porter　濃度：5.2% ABV

特色：

很少有釀酒廠是用「波特」作為旗艦酒款，Deschute 就是其中的佼佼者。以奧勒岡州"Bend"城鎮內的河流取名，Deschute 從 1988 年開始，從規模不大的釀酒餐廳到如今一年十萬桶以上的跨洲銷售，超乎主人 Gary Fish 的預期。旗艦款 Butte Porter 以附近的山林命名，曾贏得多次啤酒比賽的大獎。Gary 用上多種麥芽與啤酒花，光味覺上就很吸引人，深色水果、甘草、咖啡、與些許薄荷滋味。酒體的甜味帶出焦糖與烘烤氣息，入口飽滿尾勁乾爽，酒精濃度又平易近人，無怪乎是最受歡迎的美國波特之一。

其他推薦：Alesmith 酒廠，Alesmith Speedway Stout，12%

LOCAL
2
LOCAL
2

美國大麥酒
第一道麥汁的風味大賞

除了取最濃郁的第一道麥汁，美國釀酒師更發揮創意，加入煤炭煙燻過的麥芽、放到波本木桶內熟成，甚至加入香檳或紅酒酵母瓶中熟成等，都將歷史悠久的大麥酒變得更有話題……

英國的大麥酒一向屬於「品味」階層，濃郁的酒體類似雪利酒，酒精濃度至少9%以上，通常要陳放好幾年才會將尖銳的稜角磨去。想當然，熱愛濃郁的美國人當然愛死了大麥酒，宛如找到了華麗的舞台般，興奮的設計一場百老匯大作。

美國大麥酒的酒精濃度約9～12%，因為釀酒師通常只取最濃郁的第一道麥汁，然而有些酒廠不止取第一道麥汁，甚至煮沸濃縮，讓基酒變得更濃郁。除此之外，美國版本加了大量的美式啤酒花，濃郁的麥甜外還多了豐沛的柑橘、杉樹針香氣，為大麥酒注入了一股活力。一般來說，西岸的大麥酒通常啤酒花較重，東岸的大麥酒則介於東岸與英國之間。

由於大麥酒的成本高昂且花上大量時間，釀酒師無不拿出看家本領，且通常在聖誕節前夕少量發售。美國釀酒師更發揮無窮的創意，像是使用加入煤炭煙燻過的麥芽，或放到波本木桶裡熟成，甚至加入香檳或紅酒酵母等瓶內熟成，都將歷史悠久的大麥酒變得更有話題，豐富的滋味如焦糖、萊姆酒、甘草、黑棗、乾果等太多太多，每一瓶都帶出不同特色，非常適合搭配老起司或藍起司飲用。雖然美國大麥酒喝來過癮，卻得趁年輕貌美時，最好五年之內喝完，不似英國的大麥酒，放了好幾十年依舊美味，甚至越陳越香。這讓我聯想到了葡萄酒，加州葡萄酒不正是盛年時意氣風發，卻衰老的很快嗎？看來葡萄酒和啤酒的差距，沒有想像中的那麼遠。

台灣極品 · 頂尖酒款

Anchor Oldfog Horn

酒廠：Anchor Brewing Company　地區：California, USA

風格：American Barley Wine　濃度：8.2% ABV

特色：

這是美國第一款大麥酒，1975 年直到如今口味歷久彌新，不被後輩趕過。這款酒採用第一道麥汁，深沈的紅棕色澤透出了沈穩感，細緻的泡泡堆疊的豐滿黏膩，光在鼻頭上就能聞到點酒精味，與黑熟果、草藥、黑糖與一些香料味。入口後非常滑順，濃郁的麥芽和焦糖甜味中跑出深色水果的味覺，如葡萄乾、無花果等滋味，中等的酒體感覺不出來高酒精濃度。啤酒花的柑橘香沒有其他的美國大麥酒那麼鮮明，走傳統路線，較偏向英國以麥芽甜味為主的風格。

國外必飲 · 傳奇酒款

Doggie Claws

酒廠：Hair of the Dog Brewing Company　地區：Oregon, USA

風格：American Barley Wine　濃度：11.5% ABV

特色：

“Hair of the Dog” 是英文厘語開玩笑的說法，意指「用酒來療效宿醉」。這間釀酒廠首先釀造德國失傳的風格 Adambier，成立後迅速在啤酒界竄紅，以打造小量卻精緻的啤酒闖出名號。這款大麥酒是標準「西岸風格」，集中了大量的麥芽與美式啤酒的濃厚口感，又加入蜂蜜增加酒精濃度，每年只在 11 月發售。這款酒做瓶中發酵，設定為必須陳放數年後再飲用的酒款。倒出後顏色呈現亮紅銅色，入口有如水果蛋糕般結合了芒果與鳳梨的口感，接著一層層的杉樹香與酵母麵包的渾圓滋味襲來，層次多變，尾勁意外的乾爽。我喝的時候只放了近一年，多擱幾年應該會更加迷人。

尋訪。精釀聚落

渴望賞玩各路精釀酒風，又不知從何處入手？

Brewpub、Beer Café、Beer Restaurant、

Beer Garden、Beer Market……

蒐羅全台33處優質店面門市，跟著我一同踏入品飲世界。

享受啤酒，
對的氣氛，
對的人

喝酒有時講的是一種感覺，配合對的人，對的氣氛，激盪出天時地利人和的美妙時刻。相較於其他酒類，精釀啤酒又有一種特別的魔力，剛剛好的酒精度與不故作姿態的飲酒方式，大口喝下滿足的感受，都能讓人不自覺的卸下心防，聊啤酒，聊時事，隨意打屁哈拉，即使不相熟也能感覺特別親密。

曾在雜誌上讀到的一句話“It is necessary to choose the right brew for the mood and moment.”，在對的氣氛選擇對的啤酒是很重要的。無論是在家裡，在酒吧，在海產店喝啤酒，氣氛都不一樣。想要喝 一杯生黑啤或大麥酒，淡愛爾還是小麥？就像是女生選擇今天想穿哪一件衣裳。從 2002 年後台灣開放小型釀酒開始，就有越來越多新型態的啤酒選擇，從最早金色三麥的生啤酒餐廳，北台灣的 330ml 瓶裝手工啤酒，到台北 CO2 以咖啡廳形式引進多種比利時啤酒後，這十年來熱度緩慢升溫，台中、台南、高雄等，越來越多人懂得用享受而非乾杯的心情，飲上一杯啤酒。

此章節原本只是提供去哪喝啤酒，但在跟這些店家老闆聊過天後，深深感覺到啤酒不止能讓人開心，也能讓生命更添廣度。它將原本想從政的青年轉為餐飲大亨，將害羞的工程師變得擅於表達想法，也讓廣告人甘心退休成為一位釀酒師。精釀啤酒有時又如一杯手作咖啡，慢慢聞香，品嘗，感受，也許你的生命就在某次杯酒言歡間被悄悄的改變。

Brewpub
鮮釀啤酒餐廳

無可取代的生啤魅力

Brewpub 指的是在釀造啤酒的地點喝酒用餐，以新鮮生啤酒與美味佳餚為號召。可惜台灣基於法律限定只能在工業區釀酒，市區的餐廳裡看不到釀酒過程，少了點感覺。然而這些 Made In Taiwan 的生啤酒風味比罐裝更新鮮，如德式風格的金色三麥或 Gordon Biersch，或偏英式的 Jolly 等，以不過濾酵母和殺菌的啤酒為主，顏色不止有金色，還有白、紅、橘、黑等，是台灣精釀啤酒店的先驅。

KASTEEL

Gordon Biersch

GB在美國是素有口碑的美式鮮釀餐廳，走的是創意德國風。台灣是GB在亞洲的第一個據點。1990年，旺系科技的葛老闆常常到美國出差，發現很多Partner在會議完後都想帶他去GB，然而看完菜單後的第一個疑問是，「怎沒半瓶認識的啤酒？」餐後卻對其美味的啤酒與菜色留下好印象。之後想談代理透過各種關係都音訊全無，花了快兩年的時間才說服對方。簽約的最後一刻，葛老闆還當場被考驗啤酒知識，答對了才拿到代理權。GB力求品質一致，台灣員工還送到美國去受訓釀酒，訓練了一批釀酒人才。

GB最基本的就有五種風格：Golden Export（多特蒙黃金拉格），Hefeweizen（小麥酵母啤酒），Czech Pilsner（捷克拉格），Schwarzbier（史瓦茲黑啤酒），Marzen（梅爾森拉格）。除外，春天會推出季節酒款，Maibock（三月巴克），夏天則預計推出Kolsch等夏日啤酒，讓一向缺乏生啤的台灣多了不少德國選項，你說能不令人開心嗎？如今台灣GB啤酒的好品質，也贏得了總公司信任。總經理Jeff開心的說，「GB的總釀酒師上次對我們表示，台灣釀的夏日啤酒品質比美國還好，還問我們釀酒的祕訣。」Jeff說，也許是因為台灣釀酒師Williams保守自律，從不在上班時喝酒，心思更專注於釀酒上。今年台灣GB就以夏日啤酒（Sommerbier）參與美國競爭激烈的GABF（Great American Beer Festival）大賽，雖敗猶榮，成為另類的「台灣之光」！我最喜歡的GB風格為梅爾森（Marzen），與今年春天推出的Maibock（三月巴克）。它們的梅爾森呈現琥珀色澤，滑順的酒體帶出焦糖的甜味，甜苦適中，餘韻迷人。三月巴克酒體更重，卻在焦糖甜味與苦香間取得了完美的平衡。菜單上有些以充滿焦糖香味的梅爾森調製醬料，如梅爾森（Marzen）BBQ肋豬排，軟嫩鹹甜，讓豬排充滿了梅爾森啤酒的焦甜味。原則上，點選時可考慮以相似的啤酒作搭配，輕配輕，重配重，像是小麥啤酒搭配海鮮彩虹沙拉，黑啤酒搭配雙層巧克力蛋糕等，讓餐飲體驗更美好。

Data

地址：台北市敦化北路102號1樓（敦化店）
電話：(02) 2713-5288
時間：11：30～24：00
消費：生啤6款500ml 230元

泡泡堂鮮釀餐廳

位在工業區內，門口掛著大大的泡泡堂釀酒布條，誰能想的到這裡能找到新鮮的小麥啤酒與酵母豬排？

泡泡堂釀酒廠的主人叫馬丁，他身後的櫥窗照映著兩座漆銅的糖化槽與滾沸槽，漂亮的紅銅色讓人忍不住多看兩眼。馬丁苦笑的說「當初想說如果在台北市的餐廳釀酒，讓客人看到這兩個漂亮的銅製槽，喝酒時肯定很有 Fu」。計畫常常趕不上變化，基於台灣法律的限制，馬丁改在桃園釀酒兼賣幾樣燒烤。他的外型看來有些像浪子，原本在上海從事廣告創意總監十多年，浪子回鄉後，退休計畫竟然是釀啤酒！「釀酒能跟客人互動，大家喝著我的酒開開心心，這種立即的滿足感是別處難尋。」然而在我眼中，馬丁的退休生活一點都不清閒，反而忙碌的不得了。短短的一個小時中，先是幫客人裝酒，一會兒幫客人打包送貨，再一會兒又趕緊跑去燒烤羊肉串，一刻也不得閒，然而他卻樂在其中。

泡泡堂目前只賣一種小麥啤酒，顏色黃澄澄，用上澳洲麥芽、德國啤酒花、法國酵母，因此少了一般德式小麥啤酒的香蕉味。由於不經過濾高溫巴氏殺菌法，保留酵母的營養。倒出時，就能感受到細膩如白牙般的泡沫。第一口帶出小麥的酸香，酒體飽滿滑順，接著在嘴中嘗出新鮮穀粒的香氣，有著讓人想大叫一聲「啊！」的清爽美味。馬丁對自家啤酒信心十足，「自己天天喝，喝完從來不會頭痛也不會脹氣，口氣也很清香。」此時已是他今天的第 N 杯啤酒，臉上露出了一股驕傲。

既然是 Brewpub，馬丁提供上門的訪客一些簡單的燒烤，項目不多，像是用啤酒醃製好幾天的烤羊肉串，或用酵母醃製的烤豬排等，肉質因酵母的分解作用變得非常軟嫩，一咬，就噴出軟嫩柔滑的肉汁。正因為啤酒好喝，小菜好吃，每天不僅有朋友來拜訪，也吸引鄰居與附近剛下班的老闆來喝一杯，價格不貴也在宅配上獲得極大的好評。

Data

地址：桃園市鹽庫西街 72 號（春日錄家樂福旁）

電話：(03)317-8676、0953-669122

時間：周一至六 13：00 ～ 21：00，周日 14：00 ～ 18：00

消費：羊肉串 25 元，生啤 500ml 80 元，宅配 1000ml 400 元

Jolly

Jolly 是間賣泰國菜搭鮮釀啤酒的餐廳。初跟張老闆見面，遞上的名片上頭寫的不是「董事長」，而是「釀酒師」，就知道他對釀酒師這個頭銜情有獨鍾。張老闆也是少數到國外拿過專業認證課程的釀酒師，到芝加哥研習了一年多，也讓 Jolly 的基礎一開始就比別人更深更穩。

猛看 Jolly 酒單，本以為這裡走的是英式風格。然而，張老闆並沒有刻意想呈現地域性，「我只覺得很多人只喝過拉格，市場上當然要創新。」正因如此，Jolly 的啤酒也比其他鮮釀餐廳更有創意，像最早的 Stout（司陶特）是 20 世紀初很受歡迎的"Sweet Stout"（甜司陶特），多加了乳糖釀造，烘烤味之餘更多了滑順的乳甜味。酒精濃度高達 7.2% 的蘇格蘭愛爾（Scotch Ale）則加入了蘇格蘭威士忌專用泥煤烘焙麥芽，豐沛的甜味中能嘗出一絲絲泥煤燻香。

雖然張老闆訪談時態度專業冷靜，但一說到 Jolly 的最新產品：百香果小麥啤酒，還是能聽出他語氣的熱情。「我用上真正的百香果汁加入麥汁一同發酵，然而麥汁太酸會導致酵母死亡，如何讓酵母保持活力

就是技術關鍵。」一聞，百香果的香氣鮮明的衝出杯中，入口飽滿帶酸，好似有百香果味但在嘴中卻沒留下任何甜味，爽口宜人！看似成功的張老闆，其實還夢想著挑戰複雜的比利時修道院啤酒，「比利時釀酒師是全世界最厲害的釀酒師，多元的酵母，與複雜的釀酒程序都是學習目標。」然而他也坦承，這幾年因為台灣人的習慣將口味調整的比較淡，我則私心的希望能回到初衷。如果不習慣喝啤酒，酒單上還有啤酒調酒如皮爾森與梅酒調成的梅香啤酒，或者皮爾森與橙皮果露調成的橙香啤酒，搭配熱辣辣的泰國菜也很適合！

Data

地址：台北市松山區慶城街 29 號 B 室（慶城店）

電話：(02) 8712-9098

時間：11：30 ～ 14：30（午餐時段）
17：30 ～ 00：00（晚餐時段）

消費：生啤 6 款 400ml 175 元

其他精釀聚落

金色三麥

地址：台北市內湖區敬業三路 20 號 5 樓
（美麗華店，各分店請至網路查詢）

電話：(02) 2175-3739

時間：周一至四 15：00 ～ 24：00
周五 15：00 ～ 01：00
周六 12：00 ～ 01：00
周日 12：00 ～ 24：00

消費：生啤 5 款，啤酒 500ml 180 ～ 220 元

寶萊納

地址：台北市北投區學園路 1 號（關渡店）

電話：(02) 2891-7677

時間：11：00 ～ 22：30

消費：生啤 2 款 500ml 170 元

麥晶鮮釀啤酒餐廳

地址：新北市三重成功路 110 號

電話：(02) 2976-9666

時間：12：00 ～ 24：00

消費：生啤 2 款，500ml 100 ～ 120 元

Beer Café
啤酒咖啡廳

新生活形態，下午茶變下午酒

許多大文豪都喜愛杯中物，試問，酒真的是夜晚的產物嗎？若真如此，為何紐約人的早午餐習慣喝一杯雞尾酒？比利時人下午會在戶外咖啡廳曬太陽喝啤酒？台灣的咖啡廳兼賣多種比利時啤酒是從進口商麥米魯開始推廣，接著從 CO2 Café Odeon 開始，慢慢的養成消費者習慣後，漸成常態。只要心態對了，感覺對了，就算下午在咖啡廳喝上一杯優質啤酒，有何不可？

Pano's Café

在台灣，進口生啤的市場一向不大，酒吧內都是那幾個大品牌，所以當位在永康街的Pano's帶來多種進口生啤酒時，可謂台灣啤酒界的大事！見紅噗噗的Rodenbach生啤從啤酒把手的流出來時，真有種難以言喻的興奮感。

Panos Café在比利時已超過70年歷史，擁有400家銷售據點，並跟Palm啤酒集團合作啤酒，店內有賣麵包、啤酒、三明治、湯、麵食等輕食。整間店是由比利時設計師設計，明亮空間搭配鮮艷色彩與現代感的半圓形紅皮皮椅，給人輕鬆，活潑的氛圍 。「到比利時常會看到戶外咖啡廳，很多人頂著大太陽喝上一杯。但在台灣，卻很少人用啤酒當下午茶。」抱持著這樣的想法，總經理Nick將Panos引進台灣後，一口氣帶來Palm集團四種生啤酒選擇，包括Palm's Special、Rodenbach、Steenbrugge Wit Blanche、Emmanuel Pils，與數款來自 Frank Boon 的野生酵母啤酒、Palm Special、Steenbrugge 愛比瓶裝啤酒，期望能改變消費習慣。

這裡的生啤是真正沒過濾沒殺菌的生啤酒，連接特別訂做的生啤系統，確保新鮮度。其中三款都是很知名的傳統酒款，其中又以 Rodenbach 生啤最讓我驚喜，清爽又酸甜開胃，尤其適合搭配一塊紅莓蛋糕。另一款口味淡雅的白小麥啤酒，Steenburgge Wit-Blanche，有著迷人的酸味與新鮮穀粒香氣，女孩子都很喜歡。經典的 Palm Special 也是比利時淡啤酒的先鋒，豐富的果香縈繞嘴尖，曾被 Michael Jackson 認為是「如果能選擇一種啤酒當早餐，我會選 Palm Special」。既然 Pano's 早上八點就開門，下次何不來試著當早餐搭一塊麵包呢？

Data

地址：台北市大安區永康街 13 巷 5 號
電話：(02) 2351-0909
時間：08：00 ～ 23：00
消費：生啤 4 款 130 元，
瓶裝 7 款，140 ～ 170 元

小自由

小自由（Café Libero）咖啡廳的啤酒櫃是我最愛淘寶的地方，每次來都像小孩子看雜貨店多了哪些糖果的心情，而每次又總會有新發現。

位在文藝氣息濃厚的永康街區，主人小高保留老房子大部份的舊裝潢：洗石子地，櫸木地板，老式木窗，花式燈台等，賦予一種復古新風貌。這間咖啡廳也提供多元化又兼具深度的選單，一走進去左側是提供手沖單品咖啡的吧台，內頭包廂內提供日本單品威士忌的酒吧，右側甜點區則是由用台灣水果打造甜點與果醬的在欉紅負責，角落則是花蓮 9803 咖啡廳老闆阿克建議後設立啤酒櫃，讓小自由變更多元。

「在我心中沒有所謂最棒的啤酒，就像料理有日式、法式一般，給人不同的感覺。」小高說，自己不太懂啤酒，但他尊重且願意跟客人一起學習啤酒文化。「我不會限定國家或風味，只要有新的有趣啤酒，就會成為酒櫃上的新成員。」因此，酒櫃啤酒來自五湖四海，不定期的

變換選項，啤酒如 Elysian Jasmine IPA，Samuel Smith Oatmeal Stout，甚至來自希臘的拉格啤酒 Mythos，都最早在小自由的酒櫃上現身。除此之外，小高也會要求小自由的每一個員工能跟客人講解啤酒的風味，讓客人有更完整的體驗。「喝酒的氣氛很重要，白天喝的啤酒，晚上喝的啤酒，好心情喝的啤酒，其實往往都不一樣。」在他的認知裡，好酒是用來增加人生的豐富度與內容。正因如此，也讓我每次來小自由沒有任何壓力，只有無拘無束的享受眼前的這杯好酒，氣氛對了，換成一杯咖啡或是一杯威士忌，喝到的又是好東西。

Data

地址：台北市金華街 243 巷 1 號
電話：(02) 2356-7129
時間：周一至六 12：00 ~ 24：00
周日 12：00 ~ 18：00
消費：啤酒約 13 款，180 ~ 300 元

茴香

藏身在老舊公寓的二樓，公寓旁掛著小小的招牌「茴香」，一不小心就錯過。推開復古大門，長形的木質吧檯旁擺著復古的燈飾造型，將小空間照映的昏黃，有如回到了八〇年代的空間喝酒。茴香現址是原本永康街 Mei's Tea Bar 的倉庫，前陣子因師大夜市商圈延續到永康街的爭議，讓 Mei 將這裡轉成店面，提供葡萄酒、威士忌與精釀啤酒，還提供特選台灣茶，比永康街更多了小酒吧的氣氛。位在中山北路巷內的地點，常吸引不少日本客人光顧。當天就有一位看似老闆的日本歐吉桑坐在吧檯前，一邊喝上一杯城堡金（Kasteel Blonde），一邊看著日文報紙，將精釀啤酒融入了生活。另一邊的酒吧角落，整片大窗戶映入橫掛的雜亂電線，吊在髒髒的大樓牆上，宛如在看一幅真實的城市風景畫，邊看著窗外飲酒，有種颱風天在家喝酒安全的感覺。

永康街的 Mei 一向是學者及創意工

作者的天堂，茴香也不例外。店員小饅頭說，上次韓良露在這裡邊寫作邊喝咖啡，文思泉湧，開心的表示，在這裡工作效率特別高！下午時段，也常有人獨自來這裡喝茶寫稿。我也很喜歡跟姊妹淘來茴香，夜晚適度的燈光與深色的老舊木頭陪伴下，讓人如在家中卸下心防聊天，毫無壓力。店內的啤酒選項都是 Mei 喜歡的啤酒，不定期更換，包含各種精釀啤酒風格，如北台灣小麥啤酒、尾賴雪融小麥啤酒、富樂 ESB，與帶有如水果糖般甜味的比利時啤酒 Caracole Ambree、複雜的 Malheur 10 等，讓人每次來都有新的驚喜。茴香也有一些簡單的下酒菜可搭配，如起司拼盤或鬆軟的英式 Scone，餓了不怕沒東西吃。

Data

地址：台北市中山北路二段五十九巷 2 號 2F
電話：(02) 2531-8506
時間：周日至四 15：00 ～ 24：00
　　　周五至六 15：00 ～ 01：00
消費：瓶裝啤酒約 15 款，160 ～ 340 元

ONBO

來到熱情的南台灣，ONBO 的酒櫃好像超商內放置糖果的商品架，五花八門的包裝閃著誘惑的光芒，叫人心花怒放，一時之間為難的不知道該選擇哪一瓶才好。

ONBO 的店面讓我聯想到變調版的 85 度 C，櫃台的咖啡機成了生啤酒機器，後方的服務生不做咖啡而改倒啤酒，賣蛋糕的冰櫃成了真空滷味與鵝掌的舞台，一旁還有多種下酒的零嘴。「一般人下午就想到要喝下午茶，但我想要創造一種潮流，為什麼下午不能輕鬆的喝一杯啤酒？」ONBO 熱情的老闆 Ivan 說，店裡也不提供任何菜單，「大家可以吃完飯再來！」而本身學習設計的他，設計了「啤酒老爹」，還有創意十足的「彩虹啤酒大道」等可愛海報圖像，將啤酒變得俏皮活潑，不再屬於夜店的產品。

最讓我印象深刻，是 ONBO 架上能找到不少大眾品牌，甚至還有氣泡酒，跟一般純走「精釀」路線的店家不一樣。Ivan 笑著說，他認為要

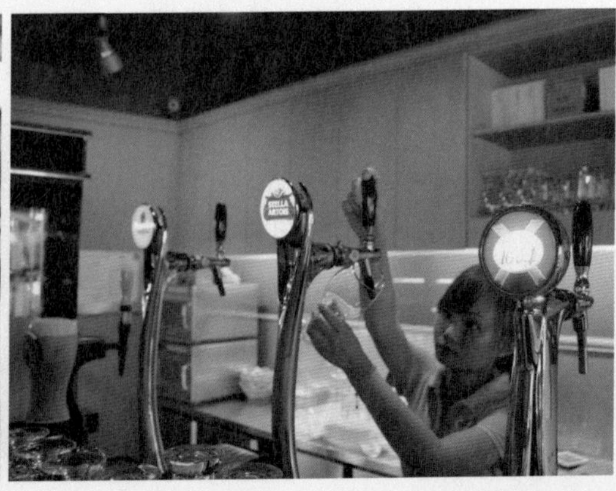

先放餌，才會有人上鉤。「一般人走進來，如果沒有常見的品牌，他們會覺得不習慣。然而看到最後往往會樂意嘗試其他的啤酒，我們這大品牌反而通通損龜。」他一邊說時，前方一臉寫著「我喝台啤」的大叔走到了啤酒櫃前，對著奧地利 Eggenberg 的瓶身東瞧西瞧，最後點了一瓶 Radler，我就知道 Ivan 的策略成功了。ONBO 的經營模式得到不少迴響，有人說他太過大膽，但冒險往往能得到意外的收穫。店裡面的啤酒有日本啤酒，Anchor 系列、英國 Belhaven 系列、奧地利 Eggenberg 全系列等，除了內用也提供外帶，價錢都不貴，希望「下午酒」的概念在台南能持續延燒！

Data

地址：台南市中西區永福路 2 段 13 號
電話：(06) 281-3180
時間：12：00 ～ 02：00
消費：生啤 4 款，啤酒近 100 款，
60 ～ 230 元（不定期更換）

ChangeX Infinite

有著如電玩角色般帥氣名稱的 ChangeX Infinite，並沒有想像中的具威脅性，賣的東西很簡單，不過就是咖啡、啤酒、餐點罷了！

「希望 ChangeX 能成為台中啤酒的新聚點」有著很女孩子氣名字的老闆翁詒君，原本擔任台中一間大公司的董事長特助，但時間久了，就想擁有自己的事業。於是與太太一同創業，「我老婆做設計又有餐飲經驗，我則學財經，對開店信心十足」市場調查後發現，台中很少有真正喝啤酒的地方，就算有，服務生有時也一知半解，懂得不比客人多。

「其實我是不常喝酒的人，但卻對味覺一直有很大的興趣」他發現，精釀啤酒的世界很有趣，但一般人直接用苦甜來分，未免太過單調。文筆很好的詒君轉念一想，如果用 XY 軸的概念，苦甜之外再多加了輕、重的概念，就會讓人有「身處何地」之感，認識精釀啤酒就變得輕鬆多了。之後詒君更有出書的計畫，將啤酒更有系統的做整理，讓初入門的客人不會無所適從。

ChangeX 店內有種設計的 Fu，紅與黑的桌椅呈現強烈對比，角落有賣設計小飾品的專櫃，還貼心設計了看電視的耳機插座 。啤酒選項除了精挑細選的比利時啤酒外，也能找到英國愛爾如 Old Specjled Hen 老母雞啤酒、美國 Rogue 牌苦味極重的 Amber Ale、或健力士愛爾蘭進口版等。「許多人沒有找到心儀的啤酒，是因為不知道這世界有多廣大」詒君又強調了一遍。ChangeX 未來還會舉辦品酒會，讓精釀啤酒的文化在台中扎根，看來以後的台中會越來越熱鬧。

Data

地址：台中市南區美村路 2 段 395 號
電話：(04) 2263-3876
時間：11：00 ～ 22：00
消費：瓶裝啤酒約 30 款，
150 ～ 200 元（不定期更換）

Laze's

品嘗美好事物一向不分男女，甚至是常被認為很 MAN 的啤酒。位在桃園林口長庚的 Laze's，就是以「女孩子喝啤酒」的觀點，試圖將精釀啤酒打造出時尚感。

原本在研究室上班的可愛女生高鴻怡，因為想換工作跑道，將腦筋動到了她最愛的比利時啤酒上。「我一直想用『時尚商品』的方式包裝啤酒，有些果香味極重，有些層次多變，有些苦味鮮明」也因此，Laze's 在入口的牆面上，將啤酒安排成走秀台上的 Superstar，彷佛前方打上鎂光燈般。店內也刻意營造出走時尚可愛的淑女風，讓女孩子有舒服的環境聊天喝酒。

高鴻怡外表雖像小公主，個性卻擇善固執，用做實驗的精神研究啤酒，一本筆記裡滿滿紀錄著各種味覺，她說自己天天試酒，嘗到味覺都快痲痹了。「可惜的是，我們啤酒櫃裡有接近 130 種啤酒，大部份人卻都點水果啤酒」直爽的她更直接表明不放大眾品牌啤酒，「每次有客人進來說要台啤，我都會請他喝喝看其他啤酒」然而也有客人不理解，故意挑東挑西，每喝一款就不停的嫌棄口感，這些經驗都讓她越挫越勇。酒單上分成「最暢銷」（馬勒六金）、「最香甜」（Floris 熱帶水果白啤）、「最搞怪」（Mongozo 香蕉啤酒），「最好睡」（Bush 12）四種推薦，讓客人用簡單的念理解啤酒，吸引了不少林口長庚的護士定期捧場。許多護士每次來就點新啤酒，屢試不爽，「在桃園地區開啤酒店不容易，跟這些客人聊天時，我就會覺得一切都很值得。現在店裡也加賣輕食與餐點，讓客人有更多選擇」。

Data

地址：桃園縣龜山鄉文昌一街 47 巷 29 號
電話：(03) 396-1750
時間：周二至六 16：30 ～ 1：00
　　　周日 16：30 ～ 24：00
消費：啤酒約 120 多款，160 ～ 240 元

其他精釀聚落

A Room
地址：台南市長榮路 1 段 234 巷 17 號
電話：(06) 209-7979
時間：13：00 ～ 23：00（周二公休）
消費：啤酒約 100 多款，
　　　150 ～ 220 元（不定期更換）

bistro o
地址：台北市師大路 49 巷 3 號 2 樓
電話：(02) 2363-7170
時間：周三、四、日傍晚～ 02：00
　　　周五至六傍晚～ 04：00（周一、二公休）
消費：啤酒約 30 款，150 ～ 300 元（不定期更換）

Café Bastille
地址：台北市泰順街 40 巷 23 號
　　　（師大店，各分店請網路查詢）
電話：(02) 2369-9728
時間：周一至五 09：00 ～ 23：00
　　　周六至日 08：00 ～ 23：00
消費：啤酒約 50 款，150 ～ 300 元（不定期更換）

Café Odeon
地址：台北市新生南路三段 86 巷 11 號
電話：(02) 2362-1358
時間：周日至四 11：00 ～ 01：00
　　　周五至六 11：00 ～ 02：00
消費：啤酒約 120 款，180 ～ 480 元（不定期更換）

Beer Restaurant
啤酒餐廳
酒就是為了配菜而生

啤酒入菜，是比利時傳統的料理手法之一，每道菜也會搭配適當的啤酒，深受觀光客喜愛。台灣才剛起步，一般民眾最愛的當然是海產店配台啤，或者搭配一盤涮嘴的下酒菜。不過也有越來越多餐廳，不設限的將多元料理搭配比利時或各國啤酒。雖然想法還不具體，但以後肯定會有更深入的搭配表現，拭目以待。

布娜飛

走進板橋環球店的餐廳門口，大大的「布娜飛」字眼讓我聯想到法國紅磨坊入口，前方打光的展示櫃放著一百多個比利時空酒瓶，讓人目不暇給，簡直像到了比利時酒瓶的現代博物館。

Bravo 自 2008 年起全台已經開了五間店，老闆 Simon 之前從來沒想過自己會成為啤酒餐廳大亨。原本在台北縣政府擔任機要秘書之職的他，沒想到一次到 Café Odeon 喝到 Floris 水果啤酒後，大為驚艷，「那時覺得怎會有那麼好喝的啤酒？」Simon 笑著說，因為太喜歡，之後還寫了封 Email 到大象酒廠詢問做法，甚至請朋友買電話卡打到比利時，只不過音訊全無。然而這一次的相遇也讓他動了開店的念頭，人生從此轉了個大彎。

店內的大酒箱有 200 多種的瓶裝啤酒，近來也多了美國與英國啤酒選項，搭配多元的菜色如手工披薩、美式拼盤、義大利麵等，更研發出比利時啤酒創意料理，包括義式生

牛肉佐比利時啤酒覆盆子醬、啤酒奶油焗烤田螺，與任選一瓶比利時啤酒烹煮的比利時淡菜鍋。我這天就用 Leffe Blonde 煮了一鍋比利時淡菜，淡菜汁除了鮮味外多了一股檸檬與比利時香料滋味，風味更添細膩。除了動點子在食物上，不少人喜歡的水煙中的水也換成了水果啤酒，讓水果味更濃，同樣得到許多客人的讚賞。

去年 Simon 終於以啤酒餐廳老闆的名義踏上比利時的土地，到 Huygh 大象釀酒廠的門口，「跟老闆聊完天酒廠內走一遭後，我全明白了，比利時人的生活步調很忙也很悠閒，根本沒人想鳥我那封 Email」Simon 開玩笑的說。老闆之後還帶他去酒吧喝酒「賠罪」。聊到此時，已有不少客人跟 Simon 打招呼，我想除了美味的啤酒與佳餚外，親切的服務也是生意好的原因之一。

Data

地址：新北市板橋區縣民大道二段 7 號 2 樓（環球店，各分店請至網路查詢）
電話：(02) 8969-1766
時間：平日 11：30 ～ 24：00，周五至六 11：30 ～ 02：00
消費：啤酒 200 款，180 元以上（不定期更換）

小三比利時啤酒餐廳吧

會叫小三，因為這是高雄第三家啤酒餐廳，第一家是小綠，第二家是小三的前身，夜光蟲。主人龍祥原在作遊戲橘子的通路商，7年前，在一次啤酒聚會喝到「海盜」Piraat，發現自己竟然喝兩大瓶半約1800 C.C.的啤酒就醉了！一向千杯不醉的他笑說，「回去一查，發現酒精濃度竟然高達10%，當場嚇到，怎麼會有那麼濃的啤酒」不過海盜複雜的美味也讓他從此對啤酒改觀，之後更因朋友的一句話「這種啤酒做餐廳很難」而賭氣開店，想證明好啤酒絕對有市場。

小三的裝潢以木頭搭配啤酒海報與啤酒瓶做裝飾，簡單又有型。龍祥更請來曾經在網路票選中贏得「異國料理冠軍」的主廚，菜單走中西合併，有熱炒類如宮保雞丁，也有烤德國豬腳或石頭蝦等創意菜。龍祥說，主廚為了搭配130種比利時或英國的啤酒，菜色盡量不走湯湯水水，做的更加乾爽。「啤酒搭菜需要的是對比，淡啤酒配濃，濃啤酒配淡，像金黃色的 Triple 就會配炸物，其乾爽感能降低油膩感。」他自己則喜歡將麥味濃厚的四重發酵黑啤如 La Trappe Quadrupel 搭配炭烤松板豬，「濃黑啤如果再配油炸就會過分油膩，炭烤香氣與黑麥香味配在一起就剛剛好」龍祥露出滿足的表情說道。

再細問，原來這裡的每樣菜色都有巧思，像水母頭，一般只用腳，這裡則選脆脆的水母頭且用港式醬爆手法。石頭蝦則在石頭鍋裡放進蔥爆蝦與加熱的小碎石，並加入檸檬與奶油提味保留香氣等，讓小三不但有好酒、好氣氛，也有美味菜餚。「雖然客人不似一般熱炒店那麼多，但我們的客人都是金字塔頂端的人士，像律師、醫生等等，不是喝紅酒不然就是比利時啤酒。」龍翔更驕傲的補充說「我希望能告訴客人啤酒文化與每一支酒的特色，而不只是一間普通的酒吧。」期望龍祥能繼續堅持他的理想！

Data

地址：高雄市苓雅區苓雅二路 43 號
電話：(07) 338-6038
時間：18：00 ~ 02：00
消費：啤酒 100 款，
190 ~ 320 元（不定期更換）

Wooloomooloo

Wooloomooloo是我很常去的一間早午餐餐廳，最早在富錦街，因為大受歡迎，去年在信義區也開了一間分店。店內氣氛悠閒帶點創意巧思，材料用得好，就算貴一點也付得甘心。

推薦這裡，是因為店內啤酒櫃選項頗多，且通通來自澳州與紐西蘭，從最早的Monteiths，到大集團Lion Nathan旗下的Toohey's Old、James McQuire Golden Ale等。這幾年紐澳啤酒是這幾年不容忽視的新世界酒廠，出產不少優質精釀啤酒。受到英國殖民地的影響，澳洲很早就開始釀啤酒，主要集中在維多利亞與西澳區域，共有130家以上。Wooloomooloo的老闆是澳洲華僑，對清新的紐澳啤酒情有獨鍾，很適合Wooloomooloo簡單扎實又味覺分明的菜色。我最常的配法有波隆那義大利麵配James McQuire黃金愛爾，番茄麵的酸味與啤酒熱帶水果的氣息相輔相成。清爽苦脆的Monteiths皮爾斯啤酒搭配一盤青醬奶油麵，讓奶油不膩。或者以Montieths的黑啤搭配布朗尼蛋糕，巧克力滋味更跳躍舌中。搭的好，相輔相成，讓早午餐感覺更輕鬆愉悅。

Data

地址：台北市富錦街95號（富錦店）
電話：(02) 2546-8318
時間：周二至五 11：00～18：00
周六至日 10：00～18：00
（周一公休）
消費：啤酒約14款，150～190元

其他精釀聚落

龍涼啤酒專賣餐廳
地址：桃園市中正路 1371 號
電話：(03) 317-5676
時間：17：00 ～ 01：00（周一公休）
消費：生啤 2 款，瓶裝近 100 款，
190 ～ 350 元（不定期更換）

貓下去
地址：台北市徐州路 38 號
電話：(02) 2322-2364
時間：17：30 ～ 21：00
消費：啤酒約 12 款，
170 ～ 190 元（不定期更換）

Mr. Paco Pizzeria
地址：台北市仁愛路 4 段 345 巷 4 弄 23 號 1F
電話：(02) 8771-3102
時間：11：00 ～ 22：00
消費：啤酒約 15 款，210 元（不定期更換）

Alleycat's Pizza
地址：台北市八德路 1 段 1 號（華山店）
電話：(02) 2395-6006
時間：周一至四、周日 11：00 ～ 24：00
消費：生啤 5 款，瓶裝 11 款，110 ～ 250 元

Beer Garden
啤酒花園
巴伐利亞人的驕傲

有一種民族絕不會輕易的稱讚其他人的啤酒，那就是巴伐利亞民族。你可以說他們固執，甚至心眼有點小，但他們對啤酒的驕傲毋庸置疑。台灣有些德國人因為思鄉，努力營造出正宗巴伐利亞「啤酒花園」，或十月啤酒節的概念，端出豬腳、香腸、香腸麵包等多項正宗巴伐利亞菜色，當然還要配上最驕傲的啤酒。一口啤酒，一口香腸，配上巴伐利亞人的熱情，感覺真的像走了一趟慕尼黑。

煙燻小棧

台北市區的德國餐廳不少，但位在三芝的煙燻小棧卻值得特別前往。為什麼？老闆方安德不僅做出地道美味的德國豬腳，還認真到自己進口巴伐利亞國民品牌 Hofbrauhaus 的生啤酒，別處喝不到。「想營造巴伐利亞的氛圍，怎麼可以沒有 HB 啤酒呢？」方安德自己出身德國北部，搬到南部後卻愛上了巴伐利亞人的親切，並以身為「巴伐利亞人」自豪。「我們遇到人特別親切，遇到誰就叫進來喝一杯，彼此也沒壓力，誰喝就誰付錢」聽起來就像台灣南部人一樣，方安德邊說，還開車帶我與友人去參觀他家。

煙燻小棧搬過家，從前的位置更偏遠，前方一整片綠油油的稻田，很有遺世獨立的味道。新地點較靠近大馬路，氣氛沒以前好，但可以容納的人數也變更多，還有專門辦

Party 的超大房間。「週末 High 時全場會舉杯慶祝，熱鬧不輸給巴伐利亞的啤酒花園」一邊說，方安德不忘大大的飲上一口 HB 小麥啤酒，圓滾滾的啤酒肚剛好靠在桌上為肚子壓出特殊的凹洞。為了進口 HB 啤酒讓方安德花費了好多工夫，也讓煙燻小棧硬是比別家更道地。選項一共有 HB 的黑啤（Dunkel）、未過濾小麥（Hefeweizen）、淡生啤（Helles）三種，容器有半公升，一公升兩種標準的「十月啤酒節」杯，讓人豪邁的大口大口喝酒。我點上了一杯 HB 黑啤，它的烘烤味、焦糖味與苦味較另一款 Ayinger 沈重，感覺相當粗獷。未過濾小麥啤酒的顏色黃澄澄，鼻尖就聞到了香蕉香氣，扎實酒體新鮮帶點酸味與香蕉香，喝下去很營養！

我與方老闆坐在戶外邊喝邊聊，喝一口啤酒，切一口皮 Q 肉脆的豬腳，耳邊聽著老闆用德國口音滔滔不絕的說話，此時眼前的三芝景色逐漸模糊成德國南方鄉村，一時之間，我真覺自己拜訪了巴伐利亞。

Data

地址：新北市三芝鄉中興街一段 33 號
電話：(02) 2636-8299
時間：周一至五 11：00 ～ 21:00
周六至日、國定假日 10：30 ～ 22：00
消費：HB 生啤 3 款，190 元

巴獅子・德國餐廳

來到巴獅子，巴伐利亞的主廚 Stephane 會很願意跟你聊聊十月啤酒節的經驗。「十月啤酒節有十四個大露營蓬，只有來自慕尼黑的酒廠才能參加。蓬內兩旁全是烤香腸與豬肉的火爐，人山人海，桌上滿滿的 Maizen 或 Helles 啤酒⋯⋯」聽他說著，我好像真的聞到了帳篷內四溢的烤肉香氣。這位年輕又帥氣的主廚又補充道，他很少會錯過十月啤酒節的活動。

巴獅子的原意就是巴伐利亞的獅子，地點雖在地下室，然而精心佈置出巴伐利亞十月啤酒節的氛圍，包括牆上啤酒節的照片，慕尼黑景致，與各種啤酒近照。雖然沒有生啤酒，但盡量找來了種類齊全的德國瓶裝知名酒廠，從 Ayinger、Konig Ludwig 到 Warsteiner，黑啤或小麥的選項應有盡有。Stephanie 又最喜歡 Ayinger 的 Hefeweizen，邊聊邊倒了兩瓶 Ayinger Hefeweizen 在從十月啤酒節帶回來的一只 Liter 大杯子裡，快速的咕嚕咕嚕喝起酒來，這速度參加世界喝快酒比賽可能都不會輸。

Stephani 愛德國啤酒，也保有德國人的務實與堅持，食物堅持用最好的材料新鮮手作。豬腳得前一天預定，選用台灣的黑毛豬腳，入烤箱而不炸，且每 15 分鐘淋上一次小麥啤酒，讓豬腳外皮酥脆，裡頭卻黏而不油，充滿柔潤滑嫩的黏牙美味。自製的手工香腸有著別處沒有的新鮮感，一共有傳統、煙燻、甜椒三種滋味，用上特別進口的德國機器絞肉，肉特別細，咬下噴出細膩的肉汁，瞬間肉香的氣息充斥口

中。在巴獅子用餐，美酒美食相伴隨，讓人整頓心情都輕鬆愉悅了起來。「下次來我帶一瓶加拿大的 Marzen（梅爾森）過來，我們一起喝！我開心的說。此時 Stephanie 停頓了一下，接著說出一句很巴伐利亞的話，「謝謝，但應該不會有什麼啤酒比南德的還好」果真是標準的巴伐利亞人的態度啊。

Data

地址：台北市大安區敦化南路二段 63 巷 19 號
電話：(02) 2325-6457
時間：周二至四 17：30 ～ 22：00
周五 11：30 ～ 14：00、
17：30 ～ 22：00
周六至日 11：30 ～ 22：00
消費：德國啤酒 7 款，170 ～ 250 元

其他精釀聚落

德國農夫廚房

地址：台北市文山區興隆路 2 段 220 巷 35 號
電話：(02) 8663-9666
時間：11：30 ～ 21：00
消費：啤酒 4 款，180 元

Beer Market
啤酒超市
買酒，也買到了人情味

是的，的確有許多超市都有賣精釀啤酒，排列的整齊漂亮，種類也很多，但那都只是冷冰冰的排列商品，少了賣家給予的溫度，就算有疑問，超市的店員也不懂得幫你解答。我最喜歡的反而是那些專門賣啤酒的小店，老闆都是真正熱愛啤酒的人，他們對啤酒有想法有研究，背後也常伴隨著一段故事。能聽到這些老闆們親切的介紹每一款啤酒的差異性，聊天之餘也順便交朋友，讓我不止買到酒，也買到了濃濃的人情味。

GOLD
GOLD
GOLD

FREE
Cider & Perry
Recipe Book

麥米魯

訪問那麼多人，大家對啤酒的看法都不一樣，但公認的一點就是，如果沒有比利時老爹，今天台灣的比利時啤酒也許不會如此興盛。位置在偏僻的高雄市區，外型鐵皮屋的麥米魯一不小心就錯過。但時間對了，就能看到倉庫內成箱成箱的奇美、海盜、城堡啤酒等快碰到天花板，非常壯觀。推開一旁的小門，狹小空間擺置的櫃上至少有兩百多種啤酒，也有不少原本以為台灣沒賣的品項，讓我又驚又喜。比利時老爹一走進門，感覺更錯愕，眼前身材良好、穿著腳踏車 T-Shirt 的大叔，跟我心中營造肚子圓滾滾的「老爹」形象完全不一樣！

聽老爹說故事，可明白啤酒對比利時人有多重要。這位外國老爹叫 Anthonis 安特尼，一開始老爹就很勁爆的說「嬰兒時代就開始喝酒」。原來，比利時女人習慣在餵嬰兒母乳時喝大量黑啤酒，補充維他命 B！大學時代，安特尼因妹妹男友的關係，開始接觸家鄉以外的比利時啤酒。他大一就開始購買當時因暴紅而限制數量的 Hoegaarden，大二開始拜訪酒廠，之後因巧遇台灣來的表演團體對寶島留下好印象。「最早本來想在高雄開啤酒廠，釀些不一樣的啤酒」無奈當時小型工業釀酒沒開放，老爹便決定進口最熟悉的家鄉啤酒。

剛開始，老爹一口氣帶著二十四瓶啤酒全省推銷，餐廳老闆看了都一個頭兩個大，「這是要我們賣哪一瓶！？」他還曾經歷過全台跑透

透，一人公司的日子，從高雄、恆春到新竹、基隆、宜蘭、台北，送貨在一天就完成，常累得在車上呼呼大睡。前三年完全沒賺到錢，也讓老爹不禁灰心，「那時很懷疑，真的會成功嗎？」不過任何成功都是耕耘與等待的成果，之後啤酒銷售成績越來越好，亮眼的成果，還獲得比利時政府頒發的比利時釀酒騎士勳章！麥米魯啤酒櫃上時常會出現新啤酒，不少是近年來興起的小型精釀酒廠，如 Microbrouwerij Achilles、Brouwerij't Gaverhopke（卡好）等，老爹又補充的笑道「以前是我們去找酒廠，現在則是很多興起的精釀酒廠來找我們。」如果剛好到高雄遊玩，特別繞到這裡買啤酒吧，絕不會讓你失望。

Data

地址：高雄市鼓山區九如四路 1638 號
電話：(07) 587-6330
時間：9：00 ～ 12：00、
13：30 ～ 17：30
消費：啤酒近 300 款，68 元以上（不定期更換）

啤酒超市

可能是刻板印象的關係，喜歡喝啤酒的女生並不多。然而台南啤酒超市的老闆雅芳竟然是個女孩子，外表還纖細柔弱，楚楚動人，很難想信這位漂亮女生搬酒試酒一手在行的模樣。

「我最早喜歡的是清酒，跟啤酒的初體驗則是有一次到了泰國，發現超市上竟然有各種奇奇怪怪的啤酒，大開眼界後，也很想把這套模式複製在台灣」雅芳回想著說，之後開了邊疆燒烤後開始接觸比利時啤酒，乾脆再開一間啤酒超市滿足客人，也一圓自己的夢想。然而做夢簡單築夢難，在台南經營啤酒超市前所未聞，卻大不易，賠了整整三年才開始持平。

「剛開始，曾經有一天只有四百元的營業額，每天水電費、人事成本一直支出，倉庫又壓著一堆酒，那

時真覺得自己幫自己挖了個坑跳」幸而燒烤店的生意不錯，讓雅芳撐過這段最難熬的日子。「不少客人進來看到那麼多酒陳列在架上，發現是啤酒，嚇一大跳！」憑著意志力與好人緣，雅芳細心的與客人講解每款酒的味道香氣，讓來過的人都成了回頭客。「曾經有過只喝台啤的阿伯，因為我們而開始喝比利時啤酒，還常辦酒會跟朋友炫耀！」雅芳甜甜的笑說。客人的溫暖回應，都讓雅芳的心裡流著一股暖流，成了繼續開店的動力。

如今的啤酒超市一共有 250 種啤酒選擇，涵蓋比利時、德國、美國等地，又以比利時啤酒為大宗，應有盡有，價錢也非常的實惠。「品種多所以才叫做超市啊！」我不禁想，台南人真是好福氣啊！

Data

地址：台南市西門路二段 428 號
電話：(06) 225-0265
時間：17：30 ～ 22：30
消費：啤酒近 250 款，100 元以上（不定期更換）

古登比利時啤酒專賣

第一次看到古登老闆Joe，他很害羞，靜靜的不說話。這反而讓我更想問他，如何有勇氣在台北開啤酒專賣店？北市租金貴，位在熱門地段。如果想光賣啤酒不賣餐，想生存的確不簡單，不過人生中許多「不可能變可能」往往都是源於一股熱情。Joe說，自己原本是工程師，習慣跟朋友飲上一杯威士忌，直到在一次聚會上喝到海盜“Piraat”啤酒後驚為天人，「啤酒滋味怎麼會那麼複雜？！」

從那次對比利時啤酒一見鍾情後，Joe就徜徉其中，發誓要喝遍所有比利時啤酒。因此古登的架上選擇就是Joe推薦的口味，每一款都能跟客人說出深刻的形容。「大超市沒人可以講解啤酒，但在這裡，我盡我所能的向客人推薦心中適合的口感」。Joe靦腆的笑著，啤酒的魔力也讓他面對客人變得越來越大方。

古登店面不大，約有100款並且不定期更換，如果有特別想喝的也可請Joe幫忙訂貨。一般330ml的比利時啤酒售價一瓶從100～120元，大部份都比微風超市便宜10至20塊不等。既有Joe的細心講解，價格又便宜許多，當然值得特別前往購買！

Data

地址：台北市大同區承德路三段150-1號
電話：(02) 2585-1966
時間：12：00～22：00（周日公休）
消費：啤酒約100款，
100元以上（不定期更換）

其他精釀聚落

啤酒農場

地址：桃園縣中壢市後興路一段 110 號 1 樓

電話：(03) 465-1569

時間：周一至五 18：00 ～ 22：00
　　　周六至日 14：00 ～ 22：00

消費：啤酒約 150 款，
　　　100 元以上（不定期更換）

尋俠堂葡萄酒舖

地址：台北市文山區三福街 7-1 號

電話：(02) 2930-6686

時間：周二至四 14：00 ～ 20：00
　　　周五至六 11：00 ～ 22：00

消費：啤酒約 20 款，
　　　130 ～ 150 元（不定期更換）

Cool Beer
精釀啤酒賞味誌

作　　者：謝馨儀 Elaine

發 行 人：程安琪
總 策 劃：程顯灝
總 編 輯：錢嘉琪
副總編輯：呂增娣
編　　輯：李雯倩
美術設計：潘大智

出 版 者：四塊玉文化有限公司
總 代 理：三友圖書有限公司
地　　址：106 台北市安和路 2 段 213 號 4 樓
電　　話：(02)2377-4155
傳　　真：(02)2377-4355
E-mail：service@sanyau.com.tw
郵政劃撥： 05844889　三友圖書有限公司

總 經 銷：大和書報圖書股份有限公司
地　　址：新北市新莊區五工五路 2 號
電　　話：(02)8990-2588
傳　　真：(02)2299-7900

初　　版：2012 年 7 月
再　　版：2012 年 8 月　　一版二刷
定　　價：新臺幣 300 元
ISBN　978-986-6334-99-3（平裝）

國家圖書館出版品預行編目 (CIP) 資料

Cool Beer! 精釀啤酒．賞味誌 / 謝馨儀著．--
初版．-- 臺北市：四塊玉文化，2012.07
面；　公分

ISBN 978-986-6334-99-3(平裝)

1. 啤酒
463.821　　101012553

飲酒過量，有礙健康

附　錄

部份啤酒單品照片：

Abbaye de Leffe、Achouffe Brewert、Bass Brewers Limited、Bitburger Premium Th.、Boston Beer Company、Brasserie de Silly S.A.、Brasserie Dieu du Ciel、Brasserie Dupont、Brewdog Brewery、Brouwerij Bavik、Brouwerij Bosteels、Brouwerij De Ranke、Brouwerij Huyghe、Brouwerij Liefmans、Brouwerij Van Steenberge、Brouwerij St. Bernardous、Cascadia 美國精釀啤酒代理、De Kluis Brewery、De Koninck Brewery、Dogfish Head Brewery、Dubuisson Brewery、Duvel Moortgat Brewery、Fuller Smith & Turner、Koningshoeven Brewery
Kostrizer Schwarzbierbrauerei、Lakes ofMuskoka Cottage Brewery、Palm Brewery、Russell Brewery、Russian River Brewery、Spaten-Franziskaner-Brau、Suntory Premium Malts、艾芬華國際有限公司、玖樂國際股份有限公司、東時實業

部份情境照片提供：

Brewery de Koningshoeven、Brouwerij Van Honsebrouck、Duvel Moortgat Brewery、Henikeninternational.com、StudioSchulz.com、布那飛 Simon、東時實業

主要參考書籍：

Amber, Gold & Black - Martyn Cornell、Brew Like a Monk- Stan Hieronymus、Farmhouse Ales - Phil Markowski、Good Beer Guide Belgium - Tim Webb、Michael Jackson's Great Beers of Belgium - Michael Jackson、Radical Brewing - Randy Mosher、The Brewmaster's Table - Garret Oliver、The Oxford Companion to Beer - Garrett Oliver、Wild Brews - Jeff Sparrow

COOL BEER
DRINK
MICROBEWRY

COOL BEER
DRINK
MICROBEWRY